贰阅 | 阅爱·阅美好

让阅读走心

让阅历丰盛

灵动的咨询

分析师的精进成长

曾奇峰 著

北京联合出版公司
Beijing United Publishing Co.,Ltd.

图书在版编目（CIP）数据

灵动的咨询：分析师的精进成长 / 曾奇峰著. —北京：北京联合出版公司, 2022.8（2022.10 重印）
（精神分析入门 65 讲）
ISBN 978-7-5596-6181-4

Ⅰ.①灵… Ⅱ.①曾… Ⅲ.①精神分析—通俗读物 Ⅳ.① B84-065

中国版本图书馆 CIP 数据核字（2022）第 072739 号

灵动的咨询：分析师的精进成长

作　　者：曾奇峰
出 品 人：赵红仕
选题策划：北京时代光华图书有限公司
责任编辑：高霁月
特约编辑：李艳玲
封面设计：新艺书文化
版式设计：冉　冉

北京联合出版公司出版
（北京市西城区德外大街 83 号楼 9 层　100088）
北京时代光华图书有限公司发行
文畅阁印刷有限公司印刷　新华书店经销
字数 108 千字　　880 毫米 × 1230 毫米　1/32　6.25 印张
2022 年 8 月第 1 版　　2022 年 10 月第 2 次印刷
ISBN 978-7-5596-6181-4
定价：58.00 元

版权所有，侵权必究
未经许可，不得以任何方式复制或抄袭本书部分或全部内容
本书若有质量问题，请与本公司图书销售中心联系调换。电话：（010）82894445

Contents | 目录

第一部分　心理治疗设置及基础

第 1 讲　心理动力学取向的心理治疗设置（1）_ 003
　　心理动力学取向的心理治疗 _ 003
　　对来访者产生治疗作用的因素 _ 004
　　治疗室的设置 _ 006

第 2 讲　心理动力学取向的心理治疗设置（2）_ 012
　　与时间有关的设置 _ 012
　　来访者与治疗师的互动过程 _ 017

第 3 讲　心理动力学取向的心理治疗设置（3）_ 030
　　关于收费 _ 030
　　关于治疗效果 _ 037
　　关于各类来访者 _ 039
　　关于咨访双方的关系 _ 041

第 4 讲　**心理动力学取向的心理治疗设置（4）**_047
　　　　治疗师/咨询师的设置_047
　　　　来访者与治疗师之间的双向选择_049
　　　　对治疗资料保密_051
　　　　关于转诊_054
　　　　有时可以打破设置_060

第 5 讲　**身心疾病**_063
　　　　胃溃疡和十二指肠溃疡_065
　　　　支气管哮喘和儿童支气管哮喘_067
　　　　高血压_070
　　　　风湿性关节炎_072
　　　　神经性厌食症_073

第 6 讲　**精神分析师的个人成长**_077
　　　　精神分析的发展_077
　　　　如何成为优秀的治疗师_079
　　　　一些具体建议_083

第二部分　东西方精神分析师对话

第 7 讲　**精神分析如何帮助我们**_089

第 8 讲　**国际精神分析师眼中的自我体验**_097

目录
Contents

第 9 讲　　精神分析与其他流派的区别 _ 104

第 10 讲　　精神分析与佛教 _ 108

第 11 讲　　孩子能成长，需要父母能发展 _ 112

第 12 讲　　青少年的恋爱和性 _ 117

第 13 讲　　网瘾 = 逃入网络 _ 123

第 14 讲　　你能否成为好的精神分析师 _ 128

第 15 讲　　心灵成长与心理治疗 _ 133

第 16 讲　　治病 or 谈心 _ 136

第 17 讲　　机构执业与个人执业 _ 141

第 18 讲　　在德国，谁以及怎样来制定心理治疗收费标准 _ 145

第 19 讲　　什么样的人想要成为治疗师 _ 149

第 20 讲　　精神分析会消失吗 _ 152

第 21 讲　　反证弗洛伊德理论 _ 158

第 22 讲　　回顾与评估 _ 162

后　　记　　心理治疗是如何起效的 _ 169

PART 1

第一部分

心理治疗设置及基础

心理动力学取向的心理治疗设置（1）

心理动力学取向的心理治疗

"取向"这两个字需要解释一下，实际上说的是心理治疗中的"学派"。如果你碰到一个在欧美国家做心理治疗的人，你说你在中国也是做心理治疗的，估计他会问你是什么样的取向。你学了精神分析的话，就可以对他说你是做心理动力学取向的心理治疗。

也许有人会问："我能否说自己做的是没有取向的心理治疗？"我建议最好不要这么说，因为欧美国家对心理治疗行业要求非常严格，如果你没有一个被政府允许的取向，那你难以获得相应的营业执照。在德国只有两种取向的心理治疗，政府允许其拿到营业执照，或者说同时能从保险公司那里获得付费的许可。这两种取向就是"精神分析"和"行为主义治疗"。

我记得自己刚入这个行业的时候，常说我们是无招胜有招，没有任何所谓的取向。其实，当时这种说法是为掩盖自己知识的贫乏。当然，我现在可以跟别人说，我是做心理动力学取向的心理治疗的，因为我接受了这方面的系统培训。

对来访者产生治疗作用的因素

一个心理治疗的实证研究证明，对来访者有治疗作用的四个因素有不同的占比。我们来看看它们具体的情况如何。

安慰剂

第一个因素，安慰剂。也就是说，"看心理医生"这件事情本身就有一定程度的治疗意义，它对来访者的影响占比，比较精确的测量是15%。

安慰剂是什么意思？举个例子，如果你睡不着觉，你找一个医生给你开药，医生给你开了一瓶药，睡觉之前你吃了两粒，然后你发现晚上真的睡得很好。然而医生给你开的并不是安定，而是谷维素或者维生素C这样没有任何镇静效果的药物。可见，药物起到了暗示和催眠的作用，也就是安慰剂的作用。

学派的深刻性

第二个因素，学派的深刻性。意思是某个学派相对于另一个学派来说也许比较优越，但是即使心理治疗师把这个学派的优越性发挥到100%，它对来访者的影响最多也只占15%。

这一点告诉我们，学派之间实际上没有太大的优劣之分。每个学派的治疗目标是不一样的，这是它们之间唯一的差别，并不存在哪个学派比另一个学派在整体上要好一些。

心理动力学取向的心理治疗，最大的特点是能够探索一个人潜意识深处的爱恨情仇。但是它也有弱点，比如说需要的时间太长。

治疗关系

第三个因素，治疗关系。对治疗效果产生影响最大的因素就是治疗关系。如果治疗师与来访者建立了良好的治疗关系，来访者的问题可能就治愈了40%。

共同因素

第四个因素，心理治疗的共同因素。包括相同的一些设置、交费、在固定的时间和固定的地点见面等。这些共同因素对来访者的影响占 30%。

治疗室的设置

想让心理治疗起效，就一定要有设置，具体怎样做心理动力学取向的治疗设置呢？我们首先来了解一下与治疗室有关的设置。

心理治疗是在治疗室里进行的，就像外科医生做手术一定要在手术室，不能在马路上进行是一样的。在心理治疗发展的早期，有很多治疗师记录的案例都是在咖啡馆或者在自己家里进行治疗的。这显然不是很专业的设置，现在这种情况越来越少了。

躺椅的布置

大家如果去过维也纳，看过西格蒙德·弗洛伊德（Sigmund Freud）当年的治疗室，就会发现他的治疗室实际上是他家二楼的一个小房间，治疗室里有张躺椅。一百多年以来，躺椅都是心理治疗或者说精神分析取向的心理治疗的象征之一。另一个象征是，弗洛伊德的手上总是夹着雪茄。

现在，武汉忠德心理医院（原武汉中德心理医院）的每个治疗室里都有张躺椅，但很少使用。在一些国家和地区，有很多治疗师现在仍然还是采用躺椅。但是在短程的心理治疗中，躺椅可能会让来访者过度退行，所以我们并不经常使用。如果使用躺椅，可能会极大地增加治疗的时间，这跟现代社会的快节奏是不相符的。

所以，我们在实际的心理治疗过程中，或者说心理动力学取向的心理治疗中，是不使用躺椅的，而是让来访者与治疗师采取90度角的位置而坐。一般来说，中间一个茶几，两边各有一张沙发，治疗师面对所有的来访者都是坐在同一个位置，来访者坐在茶几侧面，与治疗师成90度角的位置，这样坐的好处是他们可以选择目光接触，或者目光不接触。

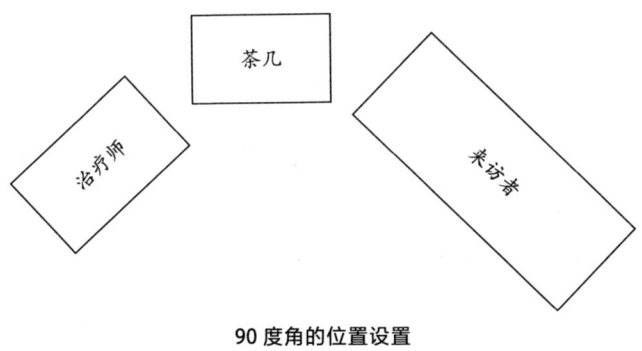

90度角的位置设置

在一名心理动力学取向的治疗师看来，目光的接触有时候往往意味着窥探、攻击，或者是其他过于浓烈的情感。所以在大多数情况下，治疗师与来访者之间是不会互相盯着看的。但是，他们还是有连接的，因为他们的目光可以在前方某一个点交叉。如果来访者处于过度退行的状态，治疗师可以多看他几眼，目光很多时候也意味着超我的凝视。

不设固定电话

在治疗室里是没有固定电话的，因为这段时间需要完整地给来访者，来访者在这个时间段里是对治疗师来说最重要的人物，两者之间的关系不能被任何人打扰。治疗师永远在固定的地点会见来访者，这本身对来访者来说就有很好的治疗意义。

装饰品不能太个性化

在治疗室里，可以有一些装饰性的东西，比如放一幅画。但是，这些装饰品不可以具有过于鲜明的个性特点。如果个性特点太鲜明，会让来访者对治疗有这样的印象——你不是按常规来思考的人。这可能会影响治疗师对来访者的治疗效果。

不设透视孔

记得曾经有一个治疗师说，我们应该在治疗室的门上安装一个透视孔，让外面的人可以看到里面，特别是治疗师和来访者性别不一样的时候。结果，这个治疗师的建议被否决了。

因为治疗师和来访者的关系是由固定设置，以及一些伦理规范决定的。他们自觉地遵守这些规范，不需要另外一双眼睛来监督他们。如果需要另外的眼睛来监督他们，就表示他们的关系本身已经到了不可控制的程度。

光线要适度

治疗室的光线不可以过强，光线过强可能会影响来访者的退行深度；但是光线也不能过暗，光线过暗会导致治疗师和来访者关系的过度退行。

可以有时钟但不能设闹钟

在治疗室里可以放一座时钟。在我的治疗室里，时钟放在我座位的后方，这样我一扭头就能看见时间。到了50分钟，我就会对来访者说："时间到了，我们下次再见。"来访者也可以通过看时间，让他对自己所说的内容，或者对我们所讨论的内容有所控制。

有个治疗师说，有时候来访者到50分钟了仍然不愿意离开，而治疗师又不太好意思直接跟来访者说"时间到了，我们下次再见",所以治疗室里应该挂一个闹钟。到了 50 分钟闹钟一响,治疗师就可以顺势说"对不起,时间到了,我们下次再见"。

实际上,这个治疗师提出这样的建议,表示他试图用闹钟来隔离他跟来访者之间的情感连接。如果一个治疗师对来访者连"时间到了,我们下次再见"这种话都说不出来,那可以想象,在其他有关两个人的情感连接方面,他可能会做得更隔离。最后这个建议也被否决了。

治疗室只需要放置一座时钟,对来访者说"这次治疗结束,我们下次再见"这样的事情,应该由治疗师自己面对。

有些治疗师看时间是趁来访者不注意,偷偷地看。实际上这真的没必要。在一次治疗中看两三次时间,是很正常的现象,要看就大大方方地看。

当然,如果治疗师在治疗中频繁地想看时间,这是治疗师反移情的表现,表示治疗师没有办法耐受跟来访者在一起的关系。这时候治疗师需要对自己的反移情进行解释。

不可摆放治疗师的全家福

需要注意的是,在治疗室里不可以摆治疗师自己的全家福照片,因为这可能会分散来访者的移情。

比如你是一个女性治疗师，一个男性来访者爱上了你，当然这是移情之爱。他就会想，如果你跟全家福照片上的这个男性分手，他就有机会了。这显然会使他把对你的可能的攻击转移到你的配偶，或者你的其他家人身上。

小结

- 心理动力学取向的心理治疗，最大的特点是能够探索一个人潜意识深处的爱恨情仇。
- 治疗师与来访者建立了良好的治疗关系，来访者的问题可能就治愈了40%。
- 一百多年以来，躺椅都是心理治疗或者说精神分析取向的心理治疗的象征之一。另一个象征是，弗洛伊德的手上总是夹着雪茄。
- 在心理动力学取向的心理治疗中，是不使用躺椅的，而是采取来访者与治疗师成90度角的位置而坐。
- 治疗室的光线不可以过强，光线过强可能会影响来访者的退行深度；但是光线也不能过暗，光线过暗会导致治疗师和来访者关系的过度退行。

第2讲

心理动力学取向的心理治疗设置（2）

与时间有关的设置

总治疗次数

首先，我们来了解一下总的治疗次数。国际上公认的短程心理动力学取向的心理治疗一个疗程是 40 次。武汉忠德心理医院根据中国的具体国情做了相应调整，将一个疗程定为 30 次。

来访者的问题不是在一两天中形成的。大家都知道，冰冻三尺，非一日之寒。同样，这些冰不可能在一两个小时内消融，这些问题也不可能通过一两次心理治疗就解决，心理治疗相对来说是一个比较漫长的过程。

每次治疗时长

一个疗程一般是 30 次治疗，那么每次治疗的时间，国际标准是 30～50 分钟。在中国，大家都基本约定俗成地认为一次治疗是 50 分钟。

也许有的来访者会问，为什么一次只跟我谈 50 分钟，而不是 150 分钟？我们可以对来访者做出解释：根据科学研究证明，一个人在另外一个人身上，注意力集中的时间是 50 分钟，如果超过 50 分钟，他的注意力可能就不在你身上了，这种状态可能制造浪费。

有一本书叫《五十分钟的一小时》(*The Fifty-Minute Hour*)，书中有对弗洛伊德的一个评论：弗洛伊德创造的治疗师与来访者（病人）之间可以终止的关系，是他为人类做出的杰出贡献。也就是，弗洛伊德规定每次访谈为 50 分钟，且有次数限制，这种可以终止的关系是对病人跟父母关系的一种颠覆。因为病人跟父母的关系，是直到他死去都不可能终止的关系。

有的人因为跟父母关系不好，就扬言"我要中断跟父母的关系"，摆出这样的大架势来做这样的事情，实际上表示他内心没有真正地跟父母终止婴儿般的连接。

拉康，是法国一个有趣的精神分析师。精神分析刚在法国出现的时候是没有市场的。因为法兰西人对自己的文化非常骄傲，精神分析这门学问不太容易打动他们。但是，拉康之后就不一样了，一个法国的知识分子如果没有被精神分析分析几十次的话，好像就不配被称为知识分子。

拉康的治疗是每次5分钟，这个相对50分钟来说缩水了9成。而且他给来访者做5分钟的治疗所收的费用，跟这个来访者在别的治疗师那里做50分钟的费用是一样的，即500法郎。

拉康用5分钟的设置是有道理的。

他说："在你跟来访者的50分钟关系中，实际上只有5分钟起到作用，所以你没有必要在收了他的钱的同时还浪费他的时间，既谋财又害命。""我们有两个时间，一个时间是钟表告诉我们的时间，另一个时间是所谓的逻辑时间。如果在咨询中，我觉得5分钟到了就相当于50分钟到了，那我就没必要机械地按照钟表告诉我们的时间来结束治疗。"

此外，他还说："我规定来访者跟我谈话的时间是5分钟，而来访者从巴黎西区坐地铁到我这儿来，路上有1个小时，他实际上是一出门就开始想怎么跟我说话，所以治疗从他出门就开始了。他给我讲了5分钟，在他的潜意识正在流动的时候，我跟他说'我们今天就谈到这里，下次再见'。但是他潜意识里的流动不会终止，在回家路上的1小时中，他的潜意识还在跟我对话。所以,他应该付我3个时段的费用。"

这听起来比较荒唐,但精神分析本来就是一门关于潜意识的学问,如果我们用意识去看拉康的话,的确显得荒唐。

需要强调的是,拉康不是可以随便模仿的,这个世界上只有一个拉康。我们每个人都需要发展自己独特的治疗风格,重要的是,你的风格要配得上你的人格和你的技术水平。

治疗频率

一个星期多少次治疗合适?在弗洛伊德时代,次数非常频繁,一个星期6次,而且经常持续8~10年,有的人甚至被弗洛伊德分析了一辈子。当然,现在以这种频率进行治疗的人非常少见,而且也没必要有如此之高的频率。

弗洛伊德治疗某病人的时候,因为治疗的频率很高,他担心在治疗的压力之下,病人把治疗过程中积累的情绪在生活中见诸行动。所以,他往往会跟病人签订一个合同——你在我这儿做治疗期间,不能有重大的生活举措,比如离婚、结婚、重大投资、辞职、搬迁到其他城市等。

较低频率的治疗过程中也会产生见诸行动的情况,不过发生概率是非常小的。

在一次案例督导中,有一个女治疗师说,她给一个男性来访者的治疗频率是每星期1次。治疗早期,这个男性来访者就爱上了她。但是他没有向她表白,也没有在治疗中讨论这件事情。这个男性来访者在生活中的见诸行动就是,他们认识半年后,他随便找了一个女性就结婚了。

可以想象,这个男性婚后的生活会多么糟糕。由于婚姻关系非常糟糕,因此他3年后离婚了。离婚之后,他把这件事情告诉了治疗师:"我当时是因为爱上了你,但觉得不可能从你这儿得到现实的回应,所以我随便找了一个异性结婚,婚姻变得非常糟糕,我半个月前跟她离婚了。"这种情况致使这个治疗师高度焦虑,并紧急寻求我们的专业督导。

现代心理动力学治疗的频率一般是每星期1~3次。不过,我的来访者没有一个星期治疗3次的。有极少数来访者是每星期治疗2次,绝大多数都是每星期治疗1次,治疗频率最好不要低于每星期1次。因为治疗频率低于每星期1次,来访者对治疗师的移情浓度就会过于稀薄,这不利于治疗师的分析与治疗。

来访者与治疗师的互动过程

初始访谈

人如果有躯体疾病，去综合医院住院，一定会先做各种各样的检查。同样，如果去看心理医生，首先要做的也是与心理健康程度有关的相应检查，次数一般是3次左右，我们把这称为初始访谈。

在初始访谈中，治疗师需要了解来访者以下情况：

第一，与来访者的主诉有关的情况。

（1）主要的症状是什么？

（2）引起这些症状的诱因是什么？

（3）这样的情况是什么时候发生的？

（4）症状在什么情况下加重，在什么情况下减轻？

（5）出现这样的症状，对来访者的亲密关系和不那么亲密的关系，有什么重要影响？

（6）以前有没有对这些症状做过处理，比如看心理医生，或者服药？

（7）来访者自己对这些症状有什么看法？

…………

第二，与来访者的症状看起来无关的成长经历。

（1）来访者能想起来的第一件事情是什么？

（2）来访者父母的性格是什么样子的？

（3）父母对来访者的态度是什么样子的？

（4）除父母外，对来访者产生重要影响的人物是谁，对他有过什么样的影响？

（5）来访者受教育的程度如何，他在学校里跟老师和同学的关系如何，他的学习成绩如何，他的最高学历是什么？

（6）来访者工作后的人际关系和成绩怎样？

（7）来访者的恋爱或婚姻的经历是什么样子的？

（8）来访者跟父母、配偶以及子女的关系怎样？

……

第三，来访者与治疗师的关系。

这里主要考察的是移情、反移情和阻抗（包括防御）这三项内容。

第四，来访者对未来的设想。

（1）来访者对自己以后生活和工作的理想。

（2）来访者对治疗的期望，也就是他的咨询目标是怎样的。

最后，来访者是否具有心理学头脑（Psychology mind）。

也就是说，我们需要考察一下，来访者有没有悟性，即通过领悟来改变自己行为的能力。

心理动力学取向的心理治疗，一般针对悟性比较好的人。悟性跟知识或者学历没有太大的关系，六祖慧能是一个连字都不认识的人，仅仅是听别人诵读《金刚经》，便对佛法产生了浓厚的兴趣，达到了领悟的境界。

我们在考察来访者是否有悟性的时候，需要做一下试探性的干预，比如给来访者一个心理动力学的解释，看他能否很好地领悟。但是必须强调的是，在初始阶段，我们不能给来访者需要非常高的悟性才能理解的心理动力学的解释。如果来访者的悟性不够，可以建议他服用药物或者做行为取向的心理治疗。

此外，可能还有一种情况，来访者有悟性，但是不想知道自己患病的原因。他只是对治疗师说，"你别对我说这么多，直接把我的症状消除就可以了"。在这种情况下，治疗师无须再给他做心理动力学取向的治疗。服药或者行为主义治疗，在消除症状方面，比精神分析治疗更适合这样的来访者。而且，治疗所消耗的时间也少得多。

来访者的任务：自由联想

初始访谈结束后，治疗师要告诉来访者："从现在开始，我尽可能地少说话，我想听你说。你的任务是把你脑袋里想到的所有东西都说出来。"这个技术叫作自由联想。

自由联想技术是弗洛伊德创造出来的。其实,你如果熟悉精神分析发展的历史,就会发现这个技术实际上并不是弗洛伊德一个人创造出来的,弗洛伊德的著名病人安娜·欧也功不可没。

大约在1900年元旦的时候,安娜·欧去弗洛伊德那里做治疗。安娜·欧给弗洛伊德讲了一件事情,她慢慢地讲,一边想一边讲,弗洛伊德有几次都不耐烦地打断了她,结果被安娜·欧训了一顿:"你别打断我,我自己会慢慢说清楚的。"弗洛伊德等候了很长时间,不过安娜·欧慢慢地就把自己想表达的都说明白了。

弗洛伊德是个很聪明的人,他不会觉得安娜·欧的这种做法是一种阻抗,他会觉得"嗯,这真的是一个很好的办法"。治疗师保持节制,可以让来访者慢慢地通过自由联想,自己都说出来。

关于自由联想,弗洛伊德打过一个比方,就像两个人一起去旅行,来访者坐在列车靠近窗户的一侧,可以看到列车外面的风景,而弗洛伊德或者说治疗师,坐在不靠近窗户的一侧,没有办法直接看到列车外面的风景。所以来访者的任务是,把他看到的列车外面的全部风景都告诉治疗师。

有人可能要问,如果来访者告诉治疗师列车外面有垃圾堆,有牛粪，这有什么意义。弗洛伊德认为，这同样有意义，也就是不隐藏任何东西。

在做自由联想之前，治疗师需要对来访者说一段关于自由联想的诱导语："从现在起，我尽可能不说话，我把所有时间都交给你，你心里想到什么、脑袋里有什么画面，或者你身体有什么感受，全都告诉我，不要'吞'进去任何东西。也许有些东西说出来让你觉得脸红，比如与性有关的，没关系，把它说出来，我不会对你所说的内容做出好和坏的评论。也许还有一些东西，比如你对我的攻击，在社交场合里你是绝对不会说的，但是我们现在是做心理治疗，你可以把它说出来。记住，不要'吞'进去任何东西，把它们都说出来，你不会受到报复，也不会受到指责。"

事实上，这个世界上没有真正自由的联想。所以在来访者问治疗师"我刚才做的是不是自由联想"时，治疗师可以回答："没关系，只要我们在做就可以，我不对你的自由联想是不是真正自由做任何评论。"

治疗师的任务：均匀悬浮注意

来访者在治疗师的人格或者说技术构建的安全、抱持氛围下，慢慢地把他的内心打开，他就可能被治愈。打个简单的比方,这就像伸了一下心灵的懒腰。来访者在成长的过程中,相当于蘑菇被存放在干燥的环境中,慢慢地水分会蒸发,然后变得扭曲。而治疗师给来访者提供的场景就是,让他重新吸收水分,让他的人格重新绽开。

这时候治疗师使用的技术就是节制。节制是一个非常专业的词语,是弗洛伊德要求治疗师必须具备的三种重要态度之一(其他两种态度是中立和匿名)。

节制,即尽可能少说话。弗洛伊德给它取了一个名字,叫作均匀悬浮注意,意思是不管来访者说的内容重要还是不重要,治疗师都向他们投注同样的注意力。

这跟我们日常生活中的状态是完全相反的。日常生活中,我们听某一个人说话,会抓住他的中心思想,在他说的鸡毛蒜皮的事情上不投注,或者很少投注注意力,而在他说的重要的事情上,投注更多的注意力。

在弗洛伊德刚才举的那个例子中,坐在列车窗户边的来访者看外面的风景,看到什么就说什么,他可以看到群山、树木、花草、大粪等。一般人会把更多的注意力投注到前面所说的美好的事物上。但是精神分析师不会这样做,他会把注意力平均分配在所谓"好的"和"坏的"事物上。需要强调的是,在均匀悬浮注意的状态下,这个世界上没有任何好与坏的区别。

均匀,意思是治疗师在来访者所说的所有事情上,平均地分配注意力,不抓重点,不做归纳,不做总结。悬浮,意思好似治疗师需要把自己分成两个人,一个坐在来访者的对面,跟来访者交流;另外一个悬浮在空中,看着自己跟来访者交流。

这个悬浮的自己就是在做均匀地分配自己注意力的事情。我们如果真的能够做到均匀悬浮注意,就能够发现来访者内心隐藏的很多秘密。

在我的精神分析中级课程里,其中一个设置就是保持精神分析的传统,保持精神分析稳重和高贵的品质,学员之间不能有任何身体接触。比如,拍肩膀、握手等。

还有一个也许看起来有点无情但很重要的规定,即在某个学员哭的时候,其他学员不能递纸巾。因为你看到别人哭就去递纸巾,实际上相当一部分原因不是为了让对方擦眼泪方便,而是为了缓解自己的焦虑——别人那么伤心,我都不帮一下忙的话,我就会内疚。

可见,治疗师如果在治疗过程中采取不节制的态度,很可能并不是为了来访者好,而是为了缓解自己的内疚感。

来访者与治疗师之间的互动

(1)来访者更需要自由联想。

来访者做自由联想时，如果你问治疗师均匀悬浮注意的次数是多少，我会说，让来访者先做20次自由联想再说。当然，不同的来访者，做自由联想的次数也会不一样。

有一个女性来访者，她有一些跟妈妈、跟同事关系方面的问题，以及工作业绩本身的问题。她的情绪非常激动，她每一次来我这里都是从哭开始的，然后慢慢地回归平静。所以，刚开始的几次访谈，50分钟下来，我没有任何机会说话，这让我自然地处在一种节制的状态中。

不过，我觉得这样下去有点不太对头。在初始访谈中我应该收集关于她的资料，但我只收集了一小部分。我总共给她做了74次治疗，但是在这么长的时间里，我估计只说了不到10句话。

每一次她都从哭开始，然后开始平静地叙述，包括最后时间到了，"我们下次再见"这句话都不是我说的而是她说的。她一看时间差不多了就跟我说："曾医生，我们今天就谈到这儿吧，你开收费单吧，我们下次再见。"我开了收费单之后，她就离开了。

有好几次我想问她问题，她对我的态度就像安娜·欧对弗洛伊德的态度那样——你不要说话，让我说话。我只好继续保持不说话的状态。

不过，结果令人非常欣慰，随着她做自由联想次数的增加，她的状况越来越好。到60多次的时候，她当初的治疗目标几乎全部达到。她对我说："曾医生，我再来几次就不来了，因为我当初要解决的问题已经全部解决，非常谢谢你。"

当然，这种极端的情况比较少见。我有那么多来访者，这是唯一一个我自始至终保持节制，说很少很少的话，但是有比较好的效果的来访者。

（2）来访者更需要均匀悬浮注意。

还有这样一种极端的情况，来访者连5分钟的自由联想都不能坚持，尤其是接近边缘型人格障碍的来访者。如果我们在比较短的时间内，没有给他相应的现实的回应，他可能就会变得非常愤怒。

比如，来访者拍着桌子说："我到你这儿来说这么多话，你一句话都不说，这跟我在家里面对墙壁说话有什么不同？我在家里面对墙壁说话，不需要花一分钱，但是在你这儿50分钟我要花那么多的钱，原来做心理医生就是不说话，这个钱也太好赚了，我以后也做你这一行好了。"

这是非常严重的攻击。在这种情况下，我们对来访者的态度也需要做出相应的调整，我们需要对来访者做出有节制的对应的回应。当然，我们工作的方向还是尽可能地让他多说话，我们保持尽可能的节制态度。

我们需要让来访者记住：他们到我们这儿来，不是来听我们教训，要治疗师告诉他们怎样活着；他们到我们这儿来，需要敞开他们的内心，让我们观看他们内心的风景，我们才能把看到的告诉他们。

（3）来访者与治疗师配合默契。

上述两种极端情况，一种是来访者自动地做自由联想，治疗师只要保持均匀悬浮注意就可以；一种是完全相反的情况，来访者无法在没有客体回应的情况下做自由联想，因为那种状态让他觉得非常恐惧，所以他会要求治疗师连续做相应的回应，这样自由联想的状态就有可能被干扰。

此外，还有一种中间的状态。

我的一个来访者，30岁左右的男性，他每次进来，我们坐下后，他看我一眼说"我们开始吧"，然后我就点一下头。他开始自由联想，大约自由联想30分钟，他会看一下表说："曾医生，我们现在讨论一下吧。"之后，我们就他自由联想的内容做相应的讨论。

这当然是一种比较好的状态。

治疗结束

在接近 30 次治疗的时候，也许我们和来访者制订的治疗目标已经达到，这个时候我们要考虑结束心理治疗。结束心理治疗跟初始访谈一样，也是很严肃的过程。我们不能在治疗目标达到后，说结束就结束。我们一定要完成心理治疗设置规定的 30 次治疗。

这跟因躯体疾病看医生真的非常不一样，如果躯体疾病的症状消失，就不需要再去看医生了。但是做心理治疗的时候，即使来访者的症状不到 30 次治疗就消失，也需要完成 30 次治疗。

心理治疗的目标，实际上对所有来访者来说都是两个：一是比较容易达到的，即症状的缓解或消除；二是不容易达到的，即消除症状产生的土壤——有问题的人格。而人格的成长是一个非常漫长的过程。

一个来访者在第 17 次治疗后，他的症状几乎完全消失了。他对我说："曾医生，既然我完全好了，那下次我就不来了。"

我想了一下，说："你症状一好就不再继续治疗，你好像是害怕我抛弃你。你说你不来了，实际上是对我的一个试探。我不同意，我们必须坚持做完 30 次。"

听我这样说，他有一点感动，说："曾医生，为了能使我坚持做完30次，能不能后面十几次的费用我一次交齐，免得我又不想来了。"

我沉默了一会儿，给了他一个解释："刚才发生的事情，好像是我轻轻地拽了你一把，然后你死死地把我抱住。"

当30次治疗快要结束，我们一起回忆在整个治疗过程中发生的重大事件的时候，这个来访者告诉我，我的那句"我轻轻地拽了你一把，然后你死死地把我抱住"对他来说非常重要，给他留下了非常深刻的印象。

他早年没有跟父母生活在一起，这让他有一种被抛弃的焦虑。所以，当症状得到缓解的时候，尽管他意识到我们的关系非常紧密，但还是害怕我抛弃他，于是他主动提出要跟我分开。我要求他做完30次治疗，这就避免了在我和他的关系中，让他再一次体验被抛弃的感觉的强迫性重复。

他的问题是早年时期爱被中断导致的。那么，在跟我的关系中，我不允许我跟他的亲密连接在预定的时间之内结束，这对他来说具有最高级别的治疗意义。

如果从初始访谈对应的角度来说，我们结束的次数也应该是三四次。在这个过程中我们做什么呢？八个字：回顾过去，展望未来。

我们应该回忆一下：在我们之间发生的重大事件；有哪些解释对他理解疾病产生的原因有用；他的哪些阻抗被修通了；我们哪些重要的移情被他理解了；他是否学会在没有治疗师的情况下，探索他的内心世界的方法；等等。

小结

- 关于自由联想，弗洛伊德打过一个比方，就像两个人一起去旅行，来访者坐在列车靠近窗户的一侧，可以看到列车外面的风景，而弗洛伊德或者说治疗师，坐在不靠近窗户的一侧，没有办法直接看到列车外面的风景。所以来访者的任务是，把他看到的列车外面的全部风景都告诉治疗师。
- 均匀，意思好似治疗师在来访者所说的所有事情上，平均地分配注意力，不抓重点，不做归纳，不做总结。
- 悬浮，意思是治疗师需要把自己分成两个人，一个坐在来访者的对面，跟来访者交流，另外一个悬浮在空中，看着自己跟来访者交流。

第3讲

心理动力学取向的心理治疗设置（3）

关于收费

收费标准

收费是一个非常敏感的问题。

心理治疗师是一个职业，跟老师、医生或环卫工人是一样的，可以通过劳动和付出获得相应的报酬。

我个人觉得，收费的数额取决于治疗师工作的地方的经济发展水平，以及个人受训的背景，包括能给别人多大帮助等。你接受的训练越多，能够给别人提供的帮助往往也就越多，你的来访者就越多，你的收费标准就可以相应地提高。

对一个顶级治疗师来说，收费高一些，问题不是太大。因为一个治疗师一辈子能够疗愈的来访者，数量是非常有限的。

有人做过一个统计，一个在美国从事心理动力学取向的治疗师，一辈子能治疗的来访者是50个。非常紧俏的治疗师，每一个治疗时段多收一点钱是完全可以理解的。

比如，一个著名的治疗师，他问我他一次收3000～5000元治疗费可不可以，我想都没想就说，当然可以。一方面是他非常优秀，值得；另一方面是来找他的来访者大多是富裕的人，从某种程度上来说，这些人也是比较自恋的人，如果他们找一个治疗师来关照他们的内心世界，每次只收费200元或者300元的话，是难以满足他们的自恋需要的，也就可能没什么治疗效果。

不过，这样的顶级治疗师比较少。

我们这里谈的主要是常规的收费标准。比如，在上海这样的城市，一个受过良好训练的治疗师，一次治疗收费在1000元之内是比较适合的。当然，超过1000元不是不可以，不过需要面对市场调节本身的问题。也就是说，你如果收取过高的费用，可能来访者的数量会下降，所以高收费可能会让你的总收入减少。

不过，情况也可能完全相反。一个心理动力学取向的治疗师，为了减少来访者的数量，大幅度地提高了收费标准。结果提价之后，他的来访者数量不是减少了，而是增多了。

另外，我们还遇到过这样的事情，有些治疗师在从业早期对一些穷困的来访者不收费。不过，我觉得这不是一个好办法。因为心理治疗这件事情，你如果对别人搞福利，无偿地为来访者提供服务的话，你的内心世界可能会出现两个非常不利于治疗的因素，或者说在你潜意识层面会出现两个不利于你和来访者关系的因素。

第一个因素是你会不知不觉地产生优越感，"我是施予者，你是接受者，我比你高"。这是潜意识层面的，不太容易觉察。

第二个因素是你内心可能会出现难以觉察的愤怒，你的潜意识认为"你也是人，我也是人，我凭什么免费为你工作"，这会严重影响你们的治疗关系和治疗效果。

有一个穷困的大学生对他的治疗师说："你的收费太贵了，我家里非常穷，我能够上大学都是一件很不容易的事情。如果你收费这么高，我可能就不在你这儿继续治疗了。"治疗师说："那好吧，从现在起我每次只收你1元钱，这个你能付得起吗？"大学生说："这个价格我付得起。"

这个来访者对治疗师充满感激，说治疗师不仅技术高超，而且人格高尚，不贪图钱财。两个人就在这样的关系中继续前行。结果两年后，这个来访者的病情没有任何改善。

于是，这个来访者对治疗师充满抱怨："你当年之所以每次只收我1元钱的治疗费，是因为你想拿我做试验，拿我练习你的技术。两年内你没有改善我的症状，你不仅是一个技术不行的人，而且也是个道德败坏的人。你把我当成了小白鼠。"

在这个案例中，治疗师比较恰当的做法也许是对来访者说：你现在可以每次只交1元钱，但是你以后赚了钱，需要补齐欠的那些费用。这样做的好处是给来访者强大的暗示：你将来一定会赚钱的；不管是在尊严上还是金钱上，你都不会欠我的。这对来访者来说是一个很大的支撑。

坚信来访者以后能赚钱，转化为专业语言就是，相信来访者以后的自我功能会变得更加强大。心理治疗的目标或者效果，应该从两个方面体现出来，一是来访者的症状改善或者消除，二是来访者的自我功能变得更加强大。

总之，很难说收费在某个城市什么样的标准是恰当的。大家可以根据自己所在城市的具体经济情况，以及自己的个人能力，来决定自己的收费标准。

何时收费

经常被问到的一个具体问题是，做完治疗之后交钱，还是做治疗之前交钱？都可以。你如果对所有来访者都一视同仁，所有来访者都是治疗之前先把费用交了，这个没问题。武汉忠德心理医院的设置是，每次做完治疗之后，来访者拿着收费单去交钱，这也是可以的。

是否可以多次费用一起交

是否可以一下收 10 次的费用？很多心理咨询机构是这样做的。再次强调，你如果对所有来访者都一视同仁，这是没有问题的。特别是对那些早年有分离创伤的来访者来说，一次性收 10 次的钱，这本身就是治疗。

关于费用打折

有的心理咨询机构对费用会采取打折的方式。比如，来访者如果一次性交了很多次的费用，就会有折扣，平均下来单次的费用就会减少。我觉得这不是一种很好的方式。因为这给了来访者一个暗示——我们可以相互突破对方的领地。

给来访者打折的意思是：在你讨价还价的情况下，我允许你占我一点儿便宜，或者说在你一次性让我有很多盈利的情况下，我单次的盈利就可以减少一些。这显然是一种界限模糊不清的状况，我个人比较反对这样做。

关于收费，国际上也有很多争论，而在我们的专业圈子里，关于收费标准的设置，长程的收费和短程的收费都是一样的。

比如，我们跟一个来访者讨论的 40 次以内的短程心理动力学取向的治疗设置，每一次是 500 元的话，那么这个来访者的治疗延伸到 100 次甚至更多的时候，费用也不会因为治疗次数的增多而降低。

有些机构在给来访者做初始评估，也就是做精神检查这个阶段的时候，前 3 次收费的标准更高一些，正式开始治疗时，收费要低一些。我们反对这样的做法，我们强烈建议，从来访者的第一次治疗开始，一直到治疗结束，价格都是同样的标准，也就是说每 50 分钟的收费标准是一样的。

网络咨询和地面咨询的费用

关于网络咨询和地面咨询的价格，有人说网络咨询可能效果要稍微差一点，所以咨询的费用应该降低。我认为这种做法也不妥。不管是网络咨询还是地面咨询，治疗师付出的时间都是一样的，都是 50 分钟。如果地面咨询的收费是 50 分钟 500 元，那你在做网络咨询的时候，也应该是同样的费用。

作为一个治疗师，如果在来访者的收费标准上有太多的波动，比如不同的来访者收取不同的费用，不同的治疗方式收取不同的费用，以及不同的时间段收取不同的费用，就表示你的内心世界缺乏一个稳定的、跟他人连接的模型。这个问题需要你跟你自己的治疗师谈一谈。

为了什么而收费

有一次，一个30多岁的女性治疗师说，她跟一个男性来访者谈了50分钟，解决了他10年没有解决的一个困惑。这个来访者给她开了一张5000元的支票，并对她说："你帮我解决了这个问题，肯定不止这么多钱，我先给你5000块钱再说。"这个治疗师很自豪地说，她不客气地收下了这张支票。

我当时没有说什么，但是我认为这样做非常危险。

因为这个治疗师改变了治疗师的"产品"。我们之所以收来访者的钱，不是因为我们把来访者治好了，而是因为我们付出了陪伴来访者的时间，这是专业的陪伴。

如果我们按照治疗效果收费的话，那么出现给来访者做了10次治疗都没有效果的情况，是不是应该把10次的钱都退还给来访者呢？

还有一种情况，也比较常见，比如治疗师治疗了10次，来访者不仅症状没有缓解，甚至加重了，那按照上述逻辑，治疗师是不是要反过来付给来访者费用呢？所以，如果我们按照治疗效果来收费，必然导致一些无法预料的问题。

我们的收费一般是根据陪伴来访者的时间来计算的，或者说我们售卖的是时间，而不是治疗效果。

学校的咨询师是否收费

一些中小学和高等院校里，有专职的心理咨询师或心理辅导老师。但是因为体制问题，他们对来访者没有办法收费，这可能会导致咨访关系中的一些问题。比如，学生来访者可能会觉得：你之所以给我做治疗，是因为受了学校领导的委派，是来给我做思想工作的。这可能会严重影响双方向内心深处的探索。

建议，在学校里，对学生来访者也收一点儿费用，哪怕是象征性的，比如一两元，这样既不会对学生来访者的家庭经济状况造成负担，也有利于治疗。

关于治疗效果

不要对疗效打包票

来访者经常会问：经过多少次治疗会有效果？面对这样的问题，比较正确的说法是：你要解决的那些心理问题，也许会被解决，但是我不敢保证一定会解决。

如果治疗师说"我包好",那可能会让来访者处在巨大的退行中,而且他的潜意识一定会为攻击治疗师做准备,"我拿我的症状跟你竞争,如果经过多少次治疗,我的症状没有改善的话,你就败了"。

很多来访者在潜意识层面,会通过他们的症状来打败貌似强大的治疗师,以满足他们自己的自恋。作为一个经验丰富的治疗师,你不应该给来访者这样的机会。你要对来访者说:"你到我们这儿来做治疗,不是来看外科医生,不是你身上长了一颗瘤子,你只需要躺在手术台上,医生拿手术刀把它割下来就可以了,不是这样的。你到我们这儿来做治疗,需要我们共同合作,一起解决问题。"

再次强调,在来访者问到他的症状会不会好转的时候,我们要这样回答:"我不敢肯定,我们一起合作,试试看。"这不但可以防止来访者的过度退行,而且会使他潜意识里对治疗师的攻击得不到现实的结果。

了解自己比解决症状重要

另外,我们还需要告诉来访者:"也许比消除你的症状本身更重要的事情是,通过我们两个人的共同工作,帮助你了解你是一个什么样的人。比如通过 10 次治疗,你可能会了解自己的三五个或者更多的自我保护机制。而这对你来说,是非常重要的。"

关于各类来访者

来访者是亲友或亲友介绍的,怎么办

面对亲友或者亲友介绍的来访者时,治疗师该怎么办?

如果来访者在生活中跟我有一些关系,比如是我的朋友,我好像就自动丧失了对他进行精神分析治疗的能力。因为这是两条完全不相关的线。

我有时候想,如果我给我的家人做精神分析治疗,可能会是怎样的。其实,仔细一想,我真的做过这样的事情。有时候跟我哥哥聊天,我会说一些与心理学有关的事情。他是北京大学理论物理专业博士,对我们这一套有点不屑一顾。他说:"你别讲那么多唯心主义的东西,你有本事用数学公式向我描述一下你的那些心理学体系,否则的话都是胡说八道。"因为从科学的角度来说,只有用数学公式可以精确表达的东西,才是可以相信的。

来访者找作为熟人的治疗师做心理治疗,有可能会使治疗师丧失中立的立场。他可能在做治疗的过程中过分患得患失,

处在一种高度不自由的状态，这会严重影响治疗的效果。

但是治疗师都是活在这个世界的俗人，都有亲戚朋友，亲戚朋友有心理问题的时候，可能会觉得"既然你在这一行，我需要找你谈一谈"。

如果我的同学介绍他的熟人来找我做心理治疗，我现在的做法是，跟对方说第一次访谈我会亲自给他做，和他谈50分钟，判断他的病情种类或者程度，做一个初始评估，然后把他介绍给我认为对他来说比较合适的治疗师。

我们还会碰到这样的情况：大家在一起吃饭，当别人知道你从事心理咨询的时候，不可避免地会在酒桌上说他有什么样的困惑，让你帮着解答。这个时候，是不适合给别人做深度心理探索的。你可以用自己的方式委婉地拒绝对方，不让对方觉得你态度非常生硬，不给对方造成内心的伤害，进而影响你们之间的关系。

来访者介绍朋友过来，怎么办

有时候，来访者觉得在你这儿有很大的收获，他会介绍他的朋友来找你做心理咨询。这种情况应该是可以的。但是需要有一个条件，他们在一起的时候，不能过多地交流他们在治疗中的信息。因为这可能会让他们两个人联合起来对你的治疗进行阻抗。也就是说,两个人在你这儿同时做心理治疗,他们的接触应该有所节制。

关于咨访双方的关系

避免身体接触

我们在做心理动力学取向的心理治疗时,不应该跟来访者有身体的接触。

一个来访者进你的治疗室,出于社交的礼仪,他会伸出手来:"医生你好,久仰你的大名,我终于到你这儿来做治疗了。"第一次做心理咨询,你可以跟他握一握手,但是在以后的治疗关系中,应尽可能避免握手这样的身体接触。

握手是一种社交场合常见的礼仪。不过,从心理学角度来看,所有的寒暄礼貌都是用来防御的。也就是,我见到一个人,为了掩饰我内心对他的敌意,会有意表现出友好的样子。

有人说,握手礼仪起源于冷兵器时代,就是两个陌生人见面,为了让对方相信自己手上没有拿着匕首,就用手接触一下,以示自己对对方没有威胁。做心理动力学取向的心理治疗时,我们内心对他人的敌意需要被探索,而不是被寒暄、礼貌掩盖。

有些来访者总是主动地跟治疗师握手,有些来访者甚至要跟治疗师来一个拥抱。这时候治疗师的专业反应是跟来访者讨论：你为什么要这样做？我同意跟你拥抱或者拒绝跟你拥抱，你分别有什么样的感受？

这种做法，可以让我们通过来访者的一个要求，来探索他的内心世界。从直觉的角度来说，来访者可能有一个愿望，治疗师反复跟他讨论的时候，他的这个愿望可能会减弱。所以我们并不是直接生硬地拒绝来访者，而是通过这样一个契机来探索来访者这样做的潜在动机。

在我的从业生涯中，我跟两个男性来访者有过身体接触，都比我小十来岁。他们跟我谈了50分钟，结束的时候对我说："曾医生，我能不能拥抱一下你？"我几乎想都没想就给了拥抱。

我为什么会这样做？第一，来访者是同性，这样做不会有太多道德上的内疚感，也就是说我这样做不会出现我仗着自己是治疗师占异性来访者便宜的情况。第二，我知道他是偶然有这样的想法和行为，不会对这样的身体接触成瘾，满足一下他的需要，不会有大问题。

但是记住：跟来访者身体接触之后，我们还是应该跟来访者讨论一下，他在那一瞬间的移情是什么。

心理治疗都是谈话治疗，就是把一个人较原始的用行动来表达内心世界的方式，变成用语言来表达内心世界的方式。一个来访者过多地要求跟治疗师有身体接触，往往表示他在呈现自己内心的时候还停留在比较原始的水平。那么，我们的治疗目标就是，让他把之前需要用身体来表达的很多内容，慢慢地变成用语言来表达。

避免治疗之外的接触

在治疗的设置之内和治疗之外，治疗师和来访者的内心世界差别非常大。

有一天下午，最后一个来访者是男性，我们谈了50分钟后，他就离开了。我打扫了一下治疗室的卫生，还做了一些其他事情便下楼了。他还在楼下，于是我和他一起走向公共汽车站。

在路上，他继续跟我说在那50分钟里没说完的事情，而这时候我已经到了非治疗师的状态。我的本能反应是，像对待一般的社交生活中碰到的年轻男性一样，拍了一下他的肩膀，说："小伙子，别想多了。"

当时，我一说完就觉得我这话说得非常不专业，因为在我跟他的咨询关系中，我肯定会让他想很多东西，或者说对他自己的内心世界保持非常开放的探索态度。但是很显然，当我跟他并肩走在路上时，我有点像他哥哥或者像他父亲这样的角色，对他说别想多了，应该把目光更多地投注到外界。这显然是一种非治疗性的关系。而且，我跟他说"别想多了"这样的话，对他不会有真正的专业上的帮助。

所以，我们遇到这样的情况，可以直接对来访者说"你先走吧，我还有点儿别的事情"，用这种方式来避开与他在生活中的接触。

从原则上来说，不允许治疗师跟来访者之间有治疗关系之外的接触。比如，一起吃饭、看电影，或者做其他事情。因为这可能会分散移情。

心理治疗是一个深度探索来访者内心世界的过程。如果治疗师跟来访者发展私人关系，就可能干扰这种深度的探索。

换一个角度来理解，你在治疗室里摆出的是治疗师的姿态，来访者对你比较信任；在治疗室之外，你以一个普通人的身份跟来访者打交道，你有一些专业之外的东西，可能会被来访者利用，从而削弱治疗中你对他的分析或者探索。

可以说，如果一个来访者希望跟他的治疗师发展私人关系，这种行为本身就是对治疗的一种阻抗。

有的治疗师可能会问这样的问题：如果偶遇来访者，我该怎么办？我们需要坚持的原则是：以低于来访者的主动和热情的方式来进行回应。

假如你不是这样的，而是以高于来访者的主动和热情跟来访者打招呼，比如看到某个来访者远远地走过来，你走过去问"你最近还好吗"，可能让来访者觉得，这个治疗师有点不可控。这可能会削弱他的控制感。这时，他就需要通过自己的某种方式，来降低你那不能控制的热情和主动。

如果你按照规定的以低于来访者的主动和热情跟来访者打招呼，来访者就会觉得在治疗之外与治疗师的关系在自己的掌握中，也就不会恐惧和害怕。

绝对禁止亲密的关系

在心理动力学取向的心理治疗中，在治疗关系之外与来访者有亲密的关系，是绝对禁止的事情之一。比如，保持性关系或者一起合资开公司的关系。因为这有可能会让治疗师把自己在治疗中探索窥视的愿望，在治疗之外见诸行动，来访者也可能会把在治疗中对治疗师的理想化投射转移到他们在治疗之外的关系中，从而形成对治疗师的膜拜和顺从。

显然，这是一种剥削和被剥削、欺诈和被欺诈的关系，如果治疗师和来访者在生活中是这样一种关系的话，是严重违背心理治疗的伦理道德的。

这个原则，不仅仅适用于心理动力学取向的心理治疗，而且适合所有心理治疗学派。

有个学习心理治疗专业的学生，曾在我这儿做自我体验，他的导师跟我在专业上有合作，我和他偶尔会有一些治疗之外的接触。虽然这看上去有那么一点点违背心理动力学取向的设置，但是因为我们的接触是我与他导师这层关系的需要，所以不会有太大的问题。而且，没有违背一个更大的原则，即在治疗之外发生亲密的私人关系。

如果治疗师在治疗之外跟来访者发展亲密的私人关系，治疗师就丧失了作为治疗师的立场，变成了来访者生活中无处不在的"父母"。

小结

- 心理治疗的目标或者效果，应该从两个方面体现出来，一是来访者的症状改善或者消除，二是来访者的自我功能变得更加强大。
- 作为一个治疗师，如果在来访者的收费标准上有太多的波动，表示你的内心世界缺乏一个稳定的、跟他人连接的模型。这个问题需要你跟你自己的治疗师谈一谈。

第4讲

心理动力学取向的心理治疗设置（4）

治疗师/咨询师的设置

在谈论心理动力学取向的心理治疗的设置时，我们经常提到的是"心理治疗"，很少说"心理咨询"，它们之间有相同的地方，也有不同的地方。

心理咨询，实际上是给来访者提供比较浅的心理学上的帮助，可能包括一些心理学教育、常识，给来访者提一些小建议等，它是不涉及人格改变的心理学的支持过程。而心理治疗，涉及人格深层的改变。

《精神卫生法》第二十三条规定：心理咨询人员不得从事心理治疗或者精神障碍的诊断、治疗。

我个人对这一条规定有不同的看法。

2017年，人力资源和社会保障部取消心理咨询师职业资格证，但已获得此证书的依然有效，可视为能力证明。从理论上来说，一个人如果具备心理咨询师资格证，或者获得心理咨询专业技能证书等培训合格证书就可以做心理治疗，因为心理治疗师一般是进行谈话治疗，非药物治疗。

所以我通常把心理治疗和心理咨询视为同一个词语来使用。除非是非常严谨的情况下，才会区别开来。

我期望这条法律在下一次修订的时候，能够修正这一点。但是在法律修订之前，大家还是要按照法律的规定来工作。也就是咨询师在现行的法律规定下不能做心理治疗。

从另一个角度来说，不管是心理咨询还是心理治疗，要想给来访者更多的帮助，只靠一个证书的培训本身是不够的，还需要继续学习，心理咨询和心理治疗都属于需要终身学习的领域。

取消心理咨询师职业资格证，并不是取消岗位和职业标准，而是由行业组织、用人单位按照岗位条件和职业标准开展自主评价。

其实2009年的时候，中国心理卫生协会就成立了一个二级协会——精神分析专业委员会，这是精神分析在中国发展的里程碑式的事件。我们一直在做努力，对做心理动力学取向的心理治疗师颁发由行业协会允许的动力学治疗师的技能等级证书。相信以后行业管理更专业，这有利于心理学行业的健康发展。

来访者与治疗师之间的双向选择

来访者如何选择治疗师

一般的情况下，来访者需要看看治疗师的学历、相关的技能等级证书。一些有经验的治疗师在自己的心理工作室中，会把治疗师的资历、证书贴在墙上，这样来访者一来就能第一眼看到治疗师的相关信息。

还有，来访者需要注意治疗师的专业取向。如果来访者仅仅是想消除自己的症状，可以找行为主义治疗师；如果来访者是想了解自己的问题产生的原因，可以做心理动力学取向的心理治疗。

其实，作为来访者，你找治疗师，并不完全是被他的专业技术治疗，更多的是被这个人的人格特点治疗，所以选择治疗师的最好方式是凭直觉，你不需要具备太多的心理治疗的专业知识。当然，凭直觉不是谈恋爱时所谓的一见钟情，而是第一次见面获得的好感。如果你见了一个治疗师，第一印象就非常不好，你们要想发展好的治疗关系，实在是太困难了。

延伸阅读

如何判断治疗师是否专业

作为来访者，你如何判断自己找的治疗师是不是专业呢？可以看三点：

第一，他在对待你的态度上有没有专业的设置。也就是说，他是否遵守心理治疗中的规矩。

第二，他有没有督导。也就是说，治疗师需要在一定规则的前提下跟他的督导讨论，他对你以及其他来访者的治疗，应从督导那里获得帮助。换句话说，他需要另外一个跟他的盲点不一样的人，来给他的治疗做指导。

任何一个治疗师，如果只是孤军奋战，他没有一个老师或者团体给他做案例督导的话，他做的就不是真正意义上的心理治疗。

第三，他是否有足够多的自我体验次数。自我体验，意思是一个人从事心理治疗，作为治疗师，需要像病人一样被别人分析。很多年轻又优秀的治疗师，他们之所以优秀，往往得益于很多次的自我体验。

治疗师如何选择来访者

治疗师选择来访者，也有一些现成的经验可以借鉴。

首先，跟来访者选择治疗师一样，治疗师应该有对来访者作为人（不仅仅是作为病人）的一般性的好感。如果治疗师一看到某个来访者，就觉得这个来访者有可能对他形成威胁，让他感到紧张，很显然他不可能从容镇静地进行难度非常大的咨询或治疗工作。所以如果治疗师一开始就对来访者有好感的话，治疗会进行得更顺利一些。

其次，治疗师可以慢慢往细分专业发展，治疗的来访者也可以相对专业，或者说相对专一。我们好像还没听说过某个治疗师的主要方向是儿童的心理动力学取向的心理治疗，或者某个治疗师专门为做了器官移植手术的病人做心理动力学取向的治疗，其实这些都是可以细分的专业方向。

相信在不久的将来，在心理动力学取向的大框架下一定会有很多的小分支。现在，很多年轻的治疗师已经开始有自己的专业方向。比如，有些治疗师把自己变成了青少年问题的专家，有些治疗师把自己变成了夫妻问题的专家，还有些治疗师把自己变成了家庭关系问题的专家。我觉得这有非常乐观的前景。

对治疗资料保密

对治疗资料保密，这是治疗师应该遵守的最基本的道德准则。不过在保密方面，有两个不同的层面：

第一个层面，绝对保密的内容，包括来访者的姓名、工作单位、家庭住址，以及一切可以让别人能够精确定位地找到或者识别来访者的资料。

第二个层面，相对保密的内容，包括来访者的症状、发病时间、个人经历等。因为这些内容不具有独一无二的特殊性。比如有个来访者说他得了50亿人中唯一一个人会得的病，这本身就是一种症状。关于病情方面的内容，需要相对保密。

相对保密，意思是我们在某些专业的场合，可以匿名呈现来访者的症状，以及相应的治疗经过。比如，在我们拍制的教学视频中谈到的某些案例，符合刚才我们说的相对保密的原则。因为几乎只有专业人员才会购买我们这样专业的产品。

如果一个来访者过度要求治疗师对他的材料进行保密，可能是他暴露癖的反向形成。具体来说，他过度渴望天下人都知道他的那些事情，通过反向形成防御机制，变成了他过度害怕天下人都知道他的那些事情。

一个男性来访者非常害怕我把他的事情说出去。在我们的谈话中，他一方面会告诉我一些秘密，另一方面又反复地问我会不会把这些事情说出去，或者写成文章在一些科普或者专业的杂志上发表。

我感觉这方面给他带来了非常大的压力，以至于我们经常需要终止对他的问题的讨论，而要把注意力转移到我会不会对他的那些事情进行保密上来。

在某一次治疗过程中，他又一次处于害怕信息可能被散布的焦虑状态，我问了他一个问题："我们一起来幻想一下，假如我出10万元钱，把你的那些内容，登载在我们本地发行量最大的报纸的头版头条，让全市人民都知道你的那些事儿，你觉得怎么样？"

他当时想了想，说："我觉得不会怎么样，因为我的那些破事儿，我自己都烦得要命，别人有那么多的好新闻要看，为什么要对我的那些事情感兴趣呢？"

然后我又问他："那你估计有多少人会把我花了这么多钱登载的你的那些事情看完？"

他说："估计没几个人。"

我说："你估计你的那些事情变成全市或者全国人民茶余饭后谈资的时间可能会维持多久？"他说："一两天吧。"然后，我问他现在有什么感觉。他说真的这样想了之后，发现保密不保密都没太大关系。

从治疗师的角度来说，保密非常重要，我们一定会对来访者的信息坚持绝对保密和相对保密两个原则。我对这个来访者所使用的方法，是典型的把来访者内心非常渴望资料被广泛散布的潜意识的愿望，变成了意识层面的，所以缓解了他内心的焦虑。

关于转诊

在治疗师和来访者任何一方觉得治疗关系不能继续维持下去的时候，都需要讨论转诊的事情。来访者不可以一觉得不合适，就马上翻脸，下次就不来了。治疗师和来访者之间需要一些时间的讨论，了解清楚为什么需要转诊，然后共同做出一个决定。

决定转诊后，意味着治疗师跟来访者的治疗关系结束，治疗师有责任给来访者推荐另一个治疗师，但是来访者是否去那个治疗师那里，由来访者自己决定。

还有，来访者转诊，治疗师只需要跟另一个治疗师打个招呼，比如说"我有一个来访者要转到你那里去"，简单地介绍一下情况就可以了。治疗师没必要把自己对这个来访者的诊断、心理动力学假设，使用过什么样的治疗方法，以及对这个来访者有什么样的印象等详细地告诉下一个治疗师。

因为，治疗师跟来访者的关系破裂，往往表示治疗师对来访者的某些判断可能是错误的，如果过多地告诉下一个治疗师自己的判断，可能会对下一个治疗师和来访者的关系造成负面影响。

转诊是为了来访者的需要

也许很多治疗师会觉得：如果我在治疗某个来访者的过程中继续不下去了，就表示我没有能力，帮他转诊是一件很丢面子的事情。

其实让来访者转诊，意味着治疗师知道自己的局限性。刚入行的治疗师也许会有"我可以治疗所有的来访者"这样的感觉，这是一种婴儿般的、无所不能的感觉。但是一个经验丰富的治疗师，会更有自知之明，他知道自己善于帮助哪一类来访者，对哪一类来访者可能会束手无策，同样也知道某一个同行对哪一类来访者相比自己来说能给予更多的帮助。

所以，如果我们没办法继续治疗某个来访者而将其转给另外一个治疗师，这是一件成熟的事。记住，转诊不代表治疗师水平不行，而是为了来访者的需要。

转诊的原因，笼统地说当然是两个人之间的关系出了问题，但是如果我们分开说的话，可能是来自来访者的，也可能是来自治疗师的。

有一个来访者,他见我第一面时就把我高度理想化,理想化到了神的程度。而且在他把我想得完美无缺的情况下,他的问题很快就好转了。但是我知道这其中是隐含危险的。

我们的治疗进行到十几次时,他对我的理想化破灭,也就是说他觉得"曾医生,你真的没有我以前想象的那么好"的时候,他的那些问题又出现了。我们花了很多的时间来探讨那些问题,但他的症状还是无法改变。

他对我的感觉有两个极端,有时候他觉得我还像他以前想象的那么完美,有时候他又会觉得我辜负了他的期望,他变得对我非常愤怒。他基本是在这两种状态中摇摆,这让我们俩都很难受。

所以我们继续坚持了几次后,双方一致决定,这种情况再也不能继续下去了,需要把他转给另一个治疗师,来继续完成我没有办法完成的任务。

将他转给另一个治疗师,一方面有来访者的原因。来访者因为我的某些特质把我理想化,理想化破灭之后又攻击我。他没有办法把我看成一个既有缺点又有优点的人,而只能看到我的某一个部分。从防御这个角度来说，这是典型的分裂的防御机制。

我觉得如果他遇到另外一个治疗师的话，他分裂的程度不会像在我这儿这么高。事实也证明，他在另一个治疗师那里，两个人的治疗关系维护得很好。

当然，另一方面，也有我自己的原因。我自己的一些特质，使我给他提供不了太大的帮助。

一个强迫型人格障碍的女性来访者，在我这儿做治疗，我觉得跟她在一起工作的时候，我的反移情的感觉极度无力。这可能跟我自己没有解决的冲突有很大的关系。在做了很多次治疗之后，我觉得治疗持续下去没有意义，我提出来她一定要转诊。因为在我们的关系中我处于束手无策的状态，如果把她转给一个没有我这样的特质的治疗师，可能会对她更有帮助。

转诊数次的来访者

有位千里迢迢到我们医院来做治疗的男性来访者，大概30岁。他来找我之前，在他的城市做过50次心理治疗。他的治疗师刚好是我的同学。

他第一次见我同学就说："我来你这儿是出于无奈。我早就知道一个叫曾奇峰的医生非常有名,但是我没有时间,也没有攒够钱到武汉去找他。我先在你这里治疗,等我有钱也有空了,我就去武汉找曾奇峰。"

我同学受过很好的精神分析训练,他知道这个来访者如此说,是想借助另外一个人来打压他的自恋。进行了充分的评估之后,他决定开始系统的精神分析的治疗。

但是,在治疗中一旦出现问题,这个来访者就会威胁我的同学:"看来我真需要到武汉去找曾奇峰了。"我同学到第54次时感觉挺不住了,认为两个人的关系应该结束了。

他们的关系结束之后,这个来访者真的利用周末的时间到武汉来找我。他见我的第一面就对我说:"本来我以为你们医院最厉害的是你,结果发现好几个人都比你厉害。吴医生就比你厉害,因为要约吴医生的时间,需要提前两个月,但是约你的时间,提前一天就可以了。医生厉害不厉害就是看他的来访者多不多,如果一个医生的来访者很少,就表示这个医生肯定不行;如果一个医生的来访者多,那么这个医生肯定行。我现在约吴医生的时间约不到,所以我想先在你这儿看,等吴医生有空了,我再去他那儿看。"

我也是受过训练的精神分析师,我也知道他是在利用另外一个治疗师来打击我的自恋,以增加他自己的自恋。在完成对他的评估之后，我们双方同意开始系统的心理动力学取向的治疗，但是一切都在强迫性重复。

在我们的关系中，一旦出现问题，他就会威胁我说："看来我需要去找吴医生来谈谈这个，跟你谈没什么用。"虽然他总是这样的态度，但我一直在坚持。我们在探索他内心世界方面的确取得了一些成就，不过他那些问题并没有得到很好的解决。

我坚持到了第49次，实在顶不住了，所以我们在第49次的时候约定这是最后一次治疗。我对他说："从下一次开始，你就去找吴医生。"我给他开了最后一张治疗单，交给了他。

他站起来走到门口，回头对我说了一句话："曾医生，那我走了啊，我先去吴医生那儿看看，如果还是看不好的话，我可能会回到我的城市，老老实实地找我的第一个治疗师做治疗。"

看得出来，这个来访者永远都在用一个更好的、想象出来的治疗师，来打败正在给他做治疗的治疗师。这是移情在治疗关系中的典型表现，他的这种移情制造了一次又一次的转诊。

他的童年经历很特殊，他们家的关系非常冰冷。他父母都是只对科学和书本感兴趣的高级知识分子，对柴米油盐的生活似乎没有什么兴趣。据说大年三十的时候，他们家的团圆饭过程是这样的：煮一锅面，一家三口每人一碗面，吃完之后，父母就去读书,他就去做作业或者看电视。

这个来访者说,他读中学的时候坐公共汽车从学校到家里,他每次都坐在公共汽车靠窗的位置,看着街边的万家灯火。他非常想知道,在别人家的灯光下,他们的生活是什么样子的。

可以肯定,他想象的别人家里的家庭关系,一定是非常温暖的。这样的内心感受转移到他跟治疗师的关系中,就变成了他永远都觉得另外一种关系能够给他更多的温暖和力量。

过了一年多,我问吴医生这个来访者的情况怎样,他说情况有所好转,不过总的治疗时段已经超过100次。

又过了一段时间,我在医院的走廊里看到这个来访者,他敲响了我们医院一位催眠治疗师的门。

有时可以打破设置

心理治疗的设置,或者说规矩,是用来保证来访者的利益的,当然也可以保证治疗师的利益,保证双方能够在一个平和的工作平台上工作,并且取得相应的成果。

不过,关于心理治疗的设置,大家要记住两点,这两点是同样重要的。

第一点,初学者对这些设置要严防死守,越是能够遵守这些设置，就表示你越专业。同时，你也能通过对某个来访者的设置的细微变化，来觉察你自己的反移情和来自来访者的移情。

第二点，在某些特殊的情况下，这些设置可以打破。

我曾经说过，设置与其说是用来遵守的，倒不如说是用来打破的。当然，这句话不适合初学者，只适合做了很多年的资深治疗师。

打破设置是可以的，但是我们要在打破设置之前给自己一个理由，而且这个理由，不是为自己谋私利，而是为了让来访者感觉更好。

比如关于身体接触方面的设置，有一个40多岁的在小学做心理辅导的专职老师，就分享了一个打破这方面设置的典型案例。

一个11岁的女孩儿，她从五六岁开始就没有了妈妈，她妈妈因为生病去世了。她与爸爸的关系又有一些问题。班主任建议她来和我聊聊。谈了两次话后，这个女孩儿对我非常依恋，觉得她找到了母爱。

第三次咨询的时候，这个女孩儿对我说："老师，实际上我到你这儿来，我不想说话，我只是想靠靠你就可以了。"我想了一会儿，对她说："那好吧。"然后，这个女孩儿就靠向了我，我轻轻地把她抱住。

在之后大约 5 次的咨询中,我们两个人基本没说什么话,这个女孩儿总是保持靠着我的姿势,每次 20 分钟到半个小时。慢慢地,这个女孩儿的状况越来越好。

在这个故事中,我似乎不觉得这个心理辅导老师违反了设置,而是被深深地感动了,我对她说,你这样做真的很好。

对某些特殊的来访者,治疗师可以打破设置,允许他们有一定程度的退行,给他们一些支持性的帮助!

小结

- 一个来访者过度要求治疗师对他的材料进行保密,可能是他暴露癖的反向形成。
- 如果我们没办法继续治疗某个来访者而将其转给另外一个治疗师,这是一件成熟的事。转诊不代表治疗师水平不行,而是为了来访者的需要。

身心疾病

简单地说,身心疾病就是由心理因素引起的身体的疾病。其实,这样定义也有问题——把心、身给分开了。当然,当初把心、身分开的做法,主要是为了利于理解和控制。但是现在看来,这种分类本身是有问题的,因为导致了心、身的剥离,以至于很多人自然地认为心理问题是心理问题,身体问题是身体问题,二者毫不相干。

实际上,我们的身、心从来都没有分开过,一切身体的问题都可能伴随着一些心理的问题。哪怕是一个人觉得自己长得不好看,鼻子低了一点、眼睛小了一点、嘴唇薄了一点,诸如此类的,都可能导致一些心理的冲突。

从这个角度来讲,美容学家们应该学一点心理学,因为他们需要知道一个人强烈地想改变自己容貌的背后有什么样的动机。如果动机过度病理性的话，怎样改变他的容貌都不可能使他的病理性心理得到缓解或消除。

我一般不太喜欢说四平八稳或者滴水不漏的话，但是关于身心疾病，我想说一句滴水不漏、四平八稳的话：在一切疾病的发生、发展和转归的过程中，心理因素都起了不同程度的作用。

身心疾病有非常多的种类：

·肥胖症

·支气管性哮喘

·皮炎和湿疹

·风疹

·胃溃疡

·十二指肠溃疡

·消化性溃疡

·胃炎和十二指肠炎

·应激性结肠炎

·溃疡性结肠炎

·肠易激综合征

·原发性张力亢进

- 张力减退
- 昏厥和虚脱
- 痉挛性斜颈
- 多发性硬化
- 偏头痛
- 其他类型的头痛
- 背痛
- 耳鸣
- 经前综合征
- 原发性和继发性痛经

以上这些都是比较典型的身心疾病。

胃溃疡和十二指肠溃疡

胃溃疡和十二指肠溃疡发病率很高，估计每个人身边都可能有这类病人。

对这类疾病的心理动力学解释是：这类病人在早年生活中可能有亲密关系的破坏，或者是成年之后有亲密关系的破坏，激活了早年亲密关系中的创伤，在外在压力增加和内在需求发生冲突的时候，他们的胃上就有可能出现一个破口，然后出血。

简单来说，这样的人内心有强烈的依赖他人的愿望，但是这种依赖又不被他们自己允许，所以依赖和独立之间就产生了冲突。

从消化道溃疡的类型来看，这类疾病与人格结构有关系，反应形式主要有以下两种。

第一种是主动溃疡型。

这类人的依赖欲望以一种假性独立的方式表现出来。详细来说，就是其骨子里是非常依赖别人的，但是表现出来的却是无比独立，拒绝任何人的帮助，把所有工作都揽在自己身上，而且在做决定的时候会刚愎自用，不征求别人的意见。

这实际上有点像青春期的孩子，青春期的孩子对依赖和独立非常敏感，你如果主动为他们做一些事情，会遭到他们强烈的反击。

主动溃疡型的病人工作非常努力，他们会努力把自己变成事业有成的商人或者大学教授等。他们常常显示出能够承担一切责任的姿态，但是他们潜意识层面需要别人照顾的愿望，往往会在他们胃出血之后不能独自继续生活时表现出来，因为这个时候他们会住在医院里，被动地、无可奈何地接受别人的照顾。

第二种是被动溃疡型。

这类人同样也是口欲期的欲望被强烈地压制，而欲望又很快跟无助和无希望结合在一起，所以他们表现出跟主动溃疡型完全相反的状态，也就是没有节制的退行、要求过多，而且经常处在失望甚至绝望中。

从治疗的角度来看，对这类病人的发病机制有深刻的了解之后，我们要想办法支持他们独立的部分，想办法让他们知道他们多么害怕对他人的依赖。

主动溃疡型的病人在跟治疗师的关系中，会很快把治疗师变成自己的竞争对手，以至于最终会破坏治疗联盟，这一点我们需要提前警觉。

而被动溃疡型的病人完全相反，他们会不断地对治疗师提出要求，他们的要求甚至过分到治疗师无法满足，治疗关系面临破灭的危险。在跟治疗师的关系中，他们可能会攻击一些设置，他们会觉得治疗师过于冰冷，对治疗师提出一些别的病人不会提出的要求，使治疗师完全没有办法满足他们，这样就完成了他们体验失望的强迫性重复。

支气管哮喘和儿童支气管哮喘

支气管哮喘，尤其是儿童支气管哮喘是常见病、多发病。

对支气管哮喘的心理动力学解释是：孩子哮喘的时候发出的咯咯声音，实际上是在说"我没办法呼吸，我的呼吸道阻塞了"，这表示母婴关系浓度过高，导致了孩子的窒息感。

我们如果观察一下有儿童支气管哮喘病人的家庭就会发现，妈妈可能是一个对孩子过度照顾的人，她跟孩子的关系特别亲密，甚至亲密到孩子没有办法正常呼吸的程度。

从长远来看，如果一个孩子小时候得了儿童支气管哮喘，他在长大后患依赖型人格障碍的可能性会非常大。我曾经治疗过三五个依赖型人格障碍的成年人，他们小时候都有一个共同的经历：曾经患过很长时间的哮喘。

儿童第一次发生哮喘的时候，也许是因为某种外界物质的刺激。但是这可能会让妈妈过度警觉，妈妈会让孩子穿很多衣服，以避免着凉之后出现支气管感染和继发的哮喘。让孩子穿比成人更多的衣服，加上孩子好动，就更容易出汗，而出汗可能会导致失水的状态，这样会增加支气管哮喘的发病机会。

所以，对有儿童支气管哮喘的孩子，我们给妈妈的建议是：孩子穿的衣服应该跟成人差不多，不可以包裹得很紧，避免因出汗丧失很多水分。

另外，让孩子穿过多的衣服，实际上对他来说是一种强烈的不良暗示：你是病人，你跟我们不一样，跟其他孩子不一样。

这也可能会让他的哮喘症状固着。

精神分析里有一个概念叫作客体关系疾病。很多孩子生病后，妈妈对他的态度变得特殊，然后孩子会在潜意识里感觉到妈妈是希望他生病的，所以他会让自己的疾病迁延不愈，以保持跟妈妈非常紧密的状态。

另外，面对生病的孩子，妈妈还会做另外一些事情，比如限制孩子的运动。这样做同样是不恰当的，我们只需要在孩子发病的时候，把他送到医院去做相应的、必需的治疗，其他时候我们要像对待其他孩子一样对待他。这会让他觉得自己有变成一个完全没有任何问题的孩子的可能性。

治疗这类疾病，最好是家庭治疗加上精神分析的治疗。精神分析的治疗，只给妈妈一个人做。同时，我们需要找一个家庭治疗师对这一家人做系统式的家庭治疗。这样做，效果来得更快一些。

儿童支气管哮喘病人，在跟他的医生的关系中可能出现移情。比如，他可能会非常享受一个熟悉的儿科医生对他的长期照顾，以及非常享受吃各种各样的药物，从小就对药物有很深的心理上的依赖。

高血压

据统计，导致中国人死亡的10类疾病中，排名第一的是心血管系统疾病，包括高血压，以及由此引起的脑出血、心肌梗死等。

高血压是一种对公众的健康有巨大影响的疾病，不过因为高血压是一种慢性病，所以大家对它的重视程度不够，对它的惧怕程度也远远低于癌症。

对高血压的心理动力学解释是：这类病人对外特别有攻击性，而攻击性的释放可能导致他们超我的惩罚或强烈的内疚感，所以他们把攻击性通过逆转的防御机制转向攻击自身。

在面对自我攻击的时候，他们的肾上腺素会升高，导致全身的小动脉血管收缩。如果人的小动脉总是处在持续收缩的状态下，小动脉光滑的内壁就会受伤，血管中的高胆固醇就会渗透到血管壁里，导致动脉粥样硬化。动脉粥样硬化很容易导致血管破裂。如果是重要部位，像大脑或者心脏的血管破裂，就会直接威胁到生命。

如果跟一个高血压病人打交道，你会发现他非常友好，他很宽容，那么他的攻击性哪儿去了？其实是转移到自身了。而且，如果我们用心理治疗的方法治疗一个高血压病人，他可以把他跟我们的关系整得温情脉脉的。他没有办法用语言表达对治疗师的攻击性，他的表达方式是说不来就不来了，不打招呼就中止了治疗关系。这实际上是一种见诸行动，就是用行动来表达对治疗师的不满。

有实证研究显示，把高血压病人随机分成两组：一组只吃药，该怎么做就怎么做，只是不做心理治疗；另一组在吃药的同时也辅助心理治疗。结果发现，做了心理治疗的高血压病人，在5年内的死亡率是那些不做心理治疗的人的一半。

可以说，心理治疗在救治高血压病人方面功不可没。5年是一个相对来说比较漫长的时间，如果不通过心理治疗缓解他们因为自我攻击而导致的紧张，血管壁的破损就会非常严重，甚至会威胁生命。

不过，如果给高血压病人做心理动力学取向的治疗，花费的时间很长，而且需要病人有足够的耐心和领悟力，所以我个人觉得心理动力学取向的治疗不是首选，行为主义治疗、家庭治疗可能更好一点。

也许，能最快起到作用的治疗方法是生物反馈法。生物反馈法是指病人坐在一个生物反馈仪上，测量血压、呼吸、心跳、皮肤温度等，并借助这个仪器的反馈，用非药物的方式有意识地控制自己的心理活动，以达到调整机体功能、防病治病的目的。高血压病人可以通过这种治疗方法,有意识地控制自己的血压。

风湿性关节炎

从医学角度来说,形成风湿性关节炎的原因是:先感染了链球菌,两个星期后身体产生了相应的抗体,这些抗体"攻击"受损的半月板,关节就出现了相应的病变。

而半月板之所以受损,是因为人的身体处在不正常的预备攻击的状态中。这使得半月板处在一种不正常的备受压迫的状态下,时间一长就损伤了,身体出现抗体之后,就在那个地方沉积了。

对风湿性关节炎的心理动力学解释是:这类病人往往存在着人际关系障碍,对"攻击"的过分防御可能是导致他们的随意肌受累的原因,随意肌出现损伤的时候,就会对骨骼产生不恰当的牵引,最后导致关节的病变。

从治疗角度来说,如果能够让这类病人减少一些对他人的敌意,问题可能就会缓解。

神经性厌食症

从心理发展阶段来看，神经性厌食症的创伤处在口欲期，也就是说1岁以前的创伤。当然，1岁之后如果遇到严重的心理创伤，也可能使一个人回到口欲期的状态，产生神经性厌食症。

神经性厌食症是少数可以导致死亡的身心疾病。在某些对自身体重有严格要求的职业群体中，神经性厌食症的发病率明显要高于普通人，比如舞蹈演员、模特等。

在此，我们不妨提一下，现在很多人一遇到问题就会用各种各样的食物把自己填得满满的，在这种状况下，就可能患上神经性贪食症。这样的人一次可以吃下相当于六七个人饭量的食物。

很多有神经性厌食症或者其他进食障碍的病人，早年往往都有受虐，甚至更严重的与性虐待有关的经历。在临床中，你如果见到神经性厌食的病人，可能会觉得非常可怕。

记得有一次，一位妈妈来治疗室找我。她说："曾医生，我先给你看张照片，免得等一下吓着你。"那张照片上是一个十六七岁、长得比较丰满的女孩，不算胖，只不过是丰满而已。

这个妈妈说:"这是我女儿一年多前的样子。"

之后,她从门外领进来一个骨瘦如柴的女孩,女孩眼眶完全凹陷,两颊也完全凹陷,手和脚看上去没有一点儿肉,身高可能165厘米,体重70斤左右。

妈妈说:"最近几个月她都不来月经了。"

这个女孩身体的各个脏器因为缺乏营养,处在衰竭的状态中。从治疗的角度来说,这样的病人单纯在门诊做个别的精神分析治疗基本上没有效果,应该及时住院,用行为主义疗法、家庭治疗、团体治疗和个体治疗这样"海陆空"的立体方式做治疗,才可能取得一定的效果。

在德国的进食障碍治疗中心,每天都会为这类病人测体重,每天都要求病人增加一定的体重。病人达不到要求的话,就会对病人采取一些行为主义层面的"惩罚"措施。经过治疗,即使病人的体重恢复正常水平,他也不再厌食或者贪食,但他在以后的生活中依然可能需要继续跟吃、不吃的欲望做斗争。从某种意义上来说,与吃、不吃这种瘾的对抗,不亚于曾经吸过毒的人与海洛因的对抗,是非常艰难的事情。

对神经性厌食症的心理动力学解释有以下几方面:

第一,对女性身份认同的防御。这类女性病人在进食的时候往往会想：如果我的脂肪长到一定厚度的时候，我就可以做妈妈了。因为女性脂肪的积累是为做妈妈储备能量。而这会让她们觉得自己通过做妈妈的方式攻击了妈妈，是典型的俄狄浦斯期甚至前俄狄浦斯期的问题，也就是与妈妈的认同和对抗没有得到很好的处理。

第二，固着在口欲期。这类女性病人往往处于青春期，性欲望应该集中在与性有关的身体区域，比如生殖器或者乳房，但是她们仍然固着在口欲期，对性没什么兴趣，还保留了婴儿般的用嘴巴跟这个世界接触的状态。

第三，这类病人会觉得如果自己继续吃东西的话，就是对妈妈的过度索取。吃东西在"婴儿"的印象里就是不断地从妈妈的身体里获得营养，而这会让他们觉得过度攻击了妈妈，在超我实施惩罚时就表现为对食物的拒绝。

第四，这类病人会觉得如果自己吃东西的话，就表示对食物、对妈妈有依赖。而要想变得独立，就不应该成为从妈妈身上获得食物的人。这也是典型的婴儿般的对依赖的理解。

我们国家的心理治疗还有很长的路要走。比如，在德国有3个全国性的进食障碍治疗中心，而我们国家缺乏这样的专科医院。一个国家心理治疗的发展先进的标准之一，就是有专门治疗某一种疾病的医院出现。这是朝专业化努力的一个方向。

我希望，我们不是只有像武汉忠德心理医院或武汉市心理医院这样大而全的医院，还要有像进食障碍治疗中心、强迫症治疗中心这样精确分类的心理医院出现。

小结

- 在一切疾病的发生、发展和转归的过程中，心理因素都起了不同程度的作用。
- 高血压病人对外特别有攻击性，而攻击性的释放可能导致他们超我的惩罚或强烈的内疚感，所以他们把攻击性通过逆转的防御机制转向攻击自身。
- 神经性厌食症是少数可以导致死亡的身心疾病。

第6讲

精神分析师的个人成长

精神分析的发展

精神分析学派目前在中国蓬勃发展，当然，也许在不久的将来，别的学派比如家庭治疗学派，会比精神分析有更大的发展。而且，这也是我个人的一个愿望，为什么？因为精神分析相对于家庭治疗，或者行为主义治疗来说，耗时比较长，而且可能会涉及不必要的深度，花费来访者更多的时间和金钱，这些都是阻碍它发展的因素。

当然，过于在乎学派之间的差异，没什么太大的意义。武汉市心理医院的童俊教授曾经与友人翻译了一本书，是美国大卫·萨夫（David Scharff）等写的《客体关系家庭治疗》（*Object*

Relations Family Therapy）。熟悉心理治疗学派的人都知道，客体关系家庭治疗是精神分析与家庭治疗融在一起而产生的一个新的治疗学派。

2001年，中国心理卫生协会心理治疗与心理咨询专业委员会精神分析学组在云南昆明成立，这个学组是三级学术机构。2009年，这个精神分析学组在上海升格为专业委员会。这也是在中国心理卫生协会下第一个以单个学派成立的专业委员会。这个委员会的主席是肖泽萍教授，副会长是杨蕴萍、施琪嘉、仇剑崟等。

自从中国心理卫生协会精神分析专业委员会成立以来，总共举办了7届中国精神分析大会。未来的几年里，精神分析专业委员会要做的主要工作之一是给一些合格人士授予精神分析师的证书。我们制定了相应的标准，这些标准正在讨论中：

第一，申请人至少接受精神分析的理论训练300个小时。

第二，申请人必须写两个案例报告。第一个案例报告，要求治疗次数20次以上，字数不少于5万字。第二个案例报告是初始访谈的报告，治疗次数三四次，字数不少于5000字。

第三，申请人可能会被三五个已获得资格证的精神分析师评估，也就是从人格层面来判断申请人是不是适合做精神分析治疗，而且采取一票否决制。如果这些精神分析师跟他访谈之后，其中任何一个人说他不适合做精神分析，那他就需要走重新申请的程序。

第四，申请人做自我体验的次数，最开始我们设计的是50次，后来我们觉得不够，所以有可能会增加到100次。

自我体验是我个人训练的一个短板。我算了一下，包括小组体验，我的自我体验的次数只有11次，而比我年轻一些的精神分析师，他们自我体验的次数有200次甚至超过300次。有些人是去国外做的自我体验，有些人是在国内，但是接受的是国外专家的自我体验。所以，我以后时间充足的时候，也会多做自我体验。

北京安定医院的林涛博士，在国外待了很多年，他是完成了国际精神分析协会（International Psychoanalytical Association，缩写为IPA）制定的所有培训的候选人，并且是我国首位获得IPA认证的精神分析师。这是中国心理治疗界历史上最重要的事件之一。

如何成为优秀的治疗师

很多人问我，如何成为一个好的心理治疗师，实际上，这从程序来说应该是非常简单的，大概分以下几个部分：

第一，理论学习。一定要多读书。我们不应该只读某一个学派的书，而应该读很多学派的书。一个好的心理治疗师应该有两套以上的理论背景，包括精神分析、行为主义、人本主义这三大学派。另外，还有家庭治疗和认知疗法。

有人曾经问我，是不是要先读弗洛伊德，再读弗洛伊德之后的精神分析师的书。我觉得没有必要严格按照这种时间顺序读书。刚开始的时候，你可以按照自己的个人兴趣来读书，有很多书比弗洛伊德的书要有趣味，像卡伦·霍妮（Karen Horney）、艾里希·弗洛姆（Erich Fromm）的书可读性就很强。

如果你已经有足够丰富的临床经验，读奥托·科恩伯格（Otto F. Kernberg）的书也会给你很大的帮助。有人会说，读这样的书晦涩。我觉得这跟临床经验可能有很大关系，临床经验非常丰富的人，比如精神分析前辈吴和鸣的咨询时段估计达到六七万个小时，对他来说读理论的书应该跟读人物众多的小说没有什么区别，因为每一句高度抽象的话，他都可以从中看出很多鲜活的案例来。

强烈推荐南京师范大学郭本禹教授主编、福建教育出版社出版的中国精神分析研究丛书。郭本禹是南京师范大学的博士导师，也是高觉敷老先生的弟子，郭本禹让他的博士生广泛涉猎精神分析的文献，每个人专攻某一个精神分析理论的大师，写出专著作为博士论文。他们所做的工作极大地简化了我们获取相应材料的途径。这是对中国精神分析发展的一个巨大贡献。

对于年青一代精神分析师来说，不要浪费自己掌握的英语或德语的能力，应该多读英文或者德文的心理学原著。这可以使你们更快地站在学术的最高峰。

第二，尽可能参加各种心理学理论讲座，参加国内最高水平的专业培训。比如国内口碑非常好的培训——中德高级心理治疗师连续培训项目（简称"中德班"），中挪高级精神分析治疗师连续培训项目（简称"中挪班"），武汉市心理医院以童俊、施琪嘉为首的中美高级精神分析治疗师连续培训项目（简称"中美班"）。

第三，学习其他人文知识。作为一个治疗师，应该对人类的精神领域有广泛涉猎。只有多学习，广闻博识，才能为将来做治疗师奠定非常坚实的基础。

人本主义心理学的主要代表人物卡尔·罗杰斯（Carl Rogers）认为，与其说是在培养一个治疗师，倒不如说在发现一个治疗师。他的意思是治疗师不是培训出来的，而是有些人具有做治疗师的天赋，有的人不具有做治疗师的天赋。

这对有些人的确是一个打击。当然，如果你没想在治疗师这一棵树上吊死的话，那么这也不算什么了不起的打击。很多人天赋异禀，真的是天生的治疗师或者精神分析师，跟他们相比的话，我个人的天赋真的差太远。也有花了很多时间、财力进入心理治疗这个行业的人，却不太适合做治疗师这个职业。

你在选择治疗师职业的时候，如果被评估不适合的话，建议果断采取措施去寻求其他的发展领域，没有必要强行在这个领域里待着。因为这样做真的可能会给自己和他人带来糟糕或不便的体验。

而且，做治疗师不过是养家糊口的一个方式而已，没有必要赋予它神圣的意义。如果你赋予它神圣的意义，当你离开心理治疗行业或者别人说你不适合从事这份工作的时候，就可能受到过大的打击。

比如一些大脑皮层过于发达、过于聪明的人，或者说人格过于健康的人，真的不适合做这份工作，为什么呢？因为心理治疗需要的智慧，跟学习数理化的智慧不一样，一个过于健康、快乐的人，没有真正体会过人类内心深处的痛苦，可能不具备共情他人的精神痛苦的能力。

所以，我们说某个人不适合做心理治疗的时候并不是贬低他，在某种意义上来说是抬高他。

第四，加强操作性训练。心理咨询与心理治疗是操作性极强的工作，需要很多操作性训练。我的一个学生，现在是某地区非常重要的心理治疗的领头人。他在多年前听了我的课后说了一句话："心理治疗真的不是可以自学成才的，需要言传身教，甚至需要由师傅手把手地教。"

第五，站在巨人的肩膀上进行自我探索。我见到过很多不断在自我探索的人，他们天赋很高，也有很多临床操作经验，自我探索的精神非常可嘉。但我作为一个在心理治疗行业里做了很多年的人，从旁观者的角度来评判的话，他们的探索效率真的不怎么高。

他们往往会发现，自己费了很大的劲儿探索出来的理论和得到的见识，别人可能在几十年前甚至更早时间就已经知道了。所以，跟其他领域一样，要在这个领域里面站得更高的话，我们需要站在巨人的肩膀上。

一些具体建议

下面是一些具体的建议：

第一，如果没有医学背景，那么你至少需要在精神病院的封闭式病房实习不少于 6 个月。我在精神病院的封闭式病房，跟最严重的精神疾病患者打交道的时间是 8 年，这是我非常宝贵的一笔财富。我们如果不能试着去理解最严重的精神疾病患者的内心世界到底是什么样的风景，我们如果缺乏跟他们在一起的体会，这对我们理解整个人类是巨大的障碍。

如果你有医学背景的话，在精神病院的封闭式病房差不多需要待3个月。如果你去武汉忠德心理医院实习3个月，我们的设置是有1个月时间你需要待在精神病院的封闭式病房里。

第二，在条件允许的情况下，你需要在心理治疗的专科医院实习3～6个月。这里指的是门诊的实习。而且，如果你去心理治疗的专科医院实习的话，它会有一系列的培训科目让你参加，你只有完成所有科目之后，才能获得实习的毕业证。

第三，做自我体验。它的重要性已经反复强调过了。

第四，要积累自己的咨询小时数。你有1000个小时的咨询训练，与没有1000个小时的咨询训练，是完全不一样的。有人说，有了数千小时的咨询经验，再读弗洛伊德和其他精神分析的理论书，效果或感受就完全不同了。

记住，心理治疗是如何治疗心理疾病的一门学问，仅仅是读书，不能帮助你治疗心理疾病，就像一个外科医生仅仅靠读书不可能给别人开刀一样。你除了理论学习，还需要实践操作。

在"中挪班"中，有一个督导班。对参加督导班的学员的要求是：每个人要找一个跟自己配对的学员，这个学员给别人做治疗的数量是50次，每次治疗后，你都要给这个学员做1小时的督导。也就是说，这个学员给他的病人做 50 次治疗，你要给这个学员做 50 次督导，凭着 50 次督导文案，你才能够毕业。

第五，要形成小组，任何一个人如果没有专业团队做支撑，没有一个定期跟同行讨论案例的组织，就不要说自己在做正规的心理治疗。心理治疗是需要集体讨论，需要案例督导的。

第六，只要进入心理治疗行业，就要有终身学习的理念。即使是在这个行业里做了一二十年的人，都需要保持初学者的心态。如果你以为自己在这个行业里做的时间很长，就觉得自己是大师，不需要学习的话，这是一种病理性的自恋的状态。

小结

- 卡尔·罗杰斯认为，与其说是在培养一个治疗师，倒不如说在发现一个治疗师。意思是，治疗师不是培训出来的，而是有些人具有做治疗师的天赋，有的人不具有做治疗师的天赋。
- 一个过于健康、快乐的人，没有真正体会过人类内心深处的痛苦，可能不具备共情他人的精神痛苦的能力。

PART 2

第二部分

东西方精神分析师对话

赫尔曼·舒尔茨（Herman Schultz）：
- 精神病学、心理治疗、心身医学专科医生，精神分析师
- 德国及国际精神分析协会会员
- 德中动力性心理治疗培训德方教师
- 从事医学生、心理学生，儿童和青少年心理治疗教学培训长达25年

曾奇峰：
- 精神科副主任医师
- 武汉中德心理医院创始人、首任院长，现为医院专业顾问与督导
- 德中动力性心理治疗培训中方教师
- 中国心理卫生协会精神分析专业委员会副主任委员
- 德中心理治疗院（在德国注册）常务理事
- 著有《你不知道的自己》《幻想即现实》

精神分析如何帮助我们

曾奇峰： 舒尔茨博士，你认为精神分析怎样帮助中国人，特别是病人？

舒尔茨： 把精神分析介绍到中国，我觉得首要的一点是不把精神分析当作一种治疗方法来推荐。我指的是有典型设置的传统精神分析——病人每周来3次或4次，躺在躺椅上。这种高强度的治疗方式对某些病人是很有帮助的，但对大多数人是不必要的。因为他们白天要工作，不可能负担这样高强度的治疗。

我认为把精神分析介绍到中国，最重要的一点是把它当作一种心理动力学理解。这意味着在精神科里，不仅是诊断症状和开药，而是把病人作为人，即把他们当作有着各自生活史的个体来看待。疾病往往是病人在生活过程中遭遇某种危机而产生的结果，所以我们要跟他们交谈，理解他们的生活处境、他们的成长过程，这就是心理动力学理解。我认为这是最重要的部分。

心理动力学理解在精神病学中，特别是在心理动力学的心理治疗中是很重要的，其作为专业人士的个人体验的重要性，要超过作为针对病人的治疗手段的重要性。

曾奇峰：我想起了一个德国专家说的话，"我们不治疗疾病，我们治疗个体的人"。

舒尔茨：对，我也是这么想的。不是治疗疾病，而是治疗病人，帮助他们战胜疾病，并且理解他们为什么得病，以及理解疾病的意义。理解疾病的意义，这个观点即便是在危机事件中也是非常重要的。

另外一个重要方面，精神分析怎样才能帮助家长和孩子们，这是有关成长的观点。人格成长的阶段和步骤，孩子怎样成长为成人，这很重要。

在对病人的治疗中，我们可以看到，他们往往是在成长中的一个阶段跨入下一个阶段的门槛处得病的——当他们面临一个成长的任务而又感觉不能把握的时候。所以治疗师必须帮助病人处理这种成长的任务，以长大成为成人，更加成熟，而不是"逃入疾病中"。

我的学生经常问我：怎样才能成为一个精神分析师？我的回答是，仅仅读书和读文章，或者学习网络课程是不够的，成为精神分析师或心理治疗师是一个个人的历程。

一方面，我们需要学很多东西，精神分析是一门心理治疗的科学，所以我们必须读书和读文章，我们需要老师给我们演示该怎么做和怎样理解我们在书和文章中读到的内容。另一方面，它是一个个人的历程，指的是个人走向专业化的过程。这意味着，怎样成为专业的精神分析师、怎样发展心理治疗的态度很重要。

我认为,心理治疗的态度是不特定的,却对任何一种心理治疗都是有价值且重要的。如果你是认知行为治疗师,或家庭治疗师,或精神分析师,或任何其他取向的治疗师,一种专业的态度是很重要的。态度是行为和理解的特定方式、特定的观点,首先应该是值得信赖的。

如果你治疗某个病人,你的行为必须使这个病人对你产生信任。所以你需要专业的态度,你必须诚实,你必须值得信赖并且真诚,这些基本的准则都是非常重要的。

你必须把病人当作一个个体、一个人来尊重,尊重他的权利。你必须让病人在治疗情境中感觉安全,有着一种"安全的背景"的感觉。否则,病人不会把他真正的问题信任地向你敞开。因此,最重要的是心理动力学的理解。

"心理动力"意味着精神分析式的理解,把病人作为一个人来尊重。病人也应该能感觉到他是被当作一个人来尊重的,在他的问题中他是被关注与被理解的。所以心理治疗的态度,也属于共情。共情是能够感受他人的感受的能力,从他人的视角、从他的内心去理解,而不是只从外面观察。

我们需要一个清楚的设置,在治疗情境中有清晰的角色分配:治疗师,病人。治疗师面对一个病人,这个病人不能处理自己的问题,被问题折磨,他需要帮助,治疗师需要尊重这点。这才是治疗。这是某种特定的角色分配,角色关系需要被尊重和被保护。

"这是我的责任",这就是负责任的态度。

曾奇峰: 你对中国传统文化非常了解,你认为在中国传统文化中有施虐、受虐的成分吗?

舒尔茨: 我想任何文化中都有处置的需要。人的心理方式当然包括处置残忍的、攻击的成分,以及处置对他人施加权威或臣服于拥有权威的人。所以受虐与施虐的成分在每一种文化中都有。

其实，这种受虐与施虐的残忍成分很重要。我想，孩子身上的压力越大，就越容易发展隐藏形式的攻击性，不是开放的攻击性，而是针对弱者的内在的、隐秘的攻击性，孩子容易把从别人那里感受到的攻击性转加到弱者身上。

从总体上来说，中国文化不是一种攻击性的文化。我们都是人，当然也有残忍的一面、攻击性的一面，这是我们的属性，我们必须学习如何应对。这在所有地方都是一样的。

曾奇峰： 跟西方人对比，我有种感觉是中国人的关系彼此很近，彼此之间有很多控制成分。

舒尔茨： 这非常有趣，我也注意到了当今中国文化和西方文化大体上的区别，"关系"在家庭的范围内比西方更近。在家庭范围内，我的印象是有时候边界不是很清晰，可以说私人的领域没有得到很好的发展。每个人要有一个自己的私密空间的意识，不让其他人干涉。在中国家庭中，私密空间往往非常敞开、透明。

曾奇峰： 数年前，一个德国精神分析师说，精神分析可能不适合于中国，他不相信中国学生或专业人士能学精神分析。关于这点，你的经验和想法是什么？你和你做精神分析的学生一起工作了很长时间，你对他们是什么印象？你认为在学习中他们适合做心理动力学的思考吗？

舒尔茨： 我在中国生活和当老师的时间越长，就越信服精神分析在中国会非常有意义和有价值。但总体上来说，不是指传统的精神分析，而是指经典的方法：每周4次，持续好几年，非常集中、高强度的自我体验、自我探索和自我面质。这些是有价值的，但更多是为了训练。

我认为最重要的是把心理动力学的心理治疗，以及心理动力学的理解用于大众。对儿童和青少年成长的理解，这是一种"精神分析的领悟"，一种理解儿童和青少年、理解整个人类的新方式。

例如,"我们的存在远超出我们的意识",这点告诉我们:我们只知道我们自己的一部分,而我们被潜意识冲动主宰,我们不知道但是别人却可以看到。所以,更深入地认识自己是非常重要的。在中国当然也是这样。

精神分析远远不只是经典的疗法,它更是一种理解人类在生活中的相互关系的方法。这个视角非常重要,也很有价值。

有关对我学生的体会,我所看见的是在培训课程中他们成长了。他们变得更成熟、更成人化,也更有责任感。他们发展了他们的人格,他们敢于表达自己,敢于直面自己的和他人的问题。这是一种自我解放的方式。

国际精神分析师眼中的自我体验

曾奇峰：作为一个精神分析的治疗师，自我体验有多重要？

舒尔茨：我认为，精神分析式自我体验是成为精神分析师或心理治疗师的训练的一部分。为什么？因为精神分析的倾听有别于精神科医生的倾听。

精神科医生会问家庭、病史、疾病是怎么开始的、症状有哪些等，然后做出症状学诊断。这种询问的过程，提问和回答贯穿始终。然后，精神科医生会观察病人的行为举止，比如抑郁症的病人，行为迟缓或情绪忧伤等。所以，提问并从病人那里得到回答，对病人行为举止的观察，是精神科中最重要的手段。

在心理动力学取向的心理治疗中，我们倾听病人的方法是不同的。我们倾听病人，同时也会倾听我们自己的感受。我们倾听病人所说的在我们内心产生的回答，也就是病人带给我们的感受。我们自己的感受是理解整个状态的一部分。

当然，我们要了解自己的感受，必须了解自己的反应。我们的感受不仅仅是我们对病人的理解的一部分，也与我们自己的历史有关，与我们个人有关。所以，我们需要了解这两者的区别。

只有通过自我体验，我们才能了解自己的感受。自我体验在走向专业化的过程中同样是重要的。在心理治疗和精神分析中，我们学了很多传承下来的知识。某个人跟我们分享他的知识，让我们理解。我们还可以从老师那里、从书本里学知识，等等。

另外，学习精神分析最重要的途径是通过认同来学习。

认同，意味着深厚的情感关系。我崇拜这位老师，我爱他，我爱他行事的方式，我想变得像他那样，我这是认同。这是通过关系的人格的传承，更是在情感层面上的认同，不是知识的传承。

当然，还有反认同。我觉得反认同也是有价值的。当我看到我的老师的行事方式，认识到那不是我的风格，因此我一方面认同老师，另一方面我要找出适合我的方式。我不完全成为像我的老师那样的。

同时，我必须从现在开始做功课，从曾经的我和现在的我着手，以便把我自己转变成为一个治疗师，并发展出治疗师和精神分析的专业态度。这就是为什么我认为自我体验如此重要——为了了解自己。

否则，你不会了解你的病人或其他人。如果不了解你自己和你的弱点，你就会总是在投射。比如，心理治疗是两个人之间的关系。其中一个是病人，受折磨或感觉无助、需要帮助等，另一个是治疗师，所以这同时也是无力量和有力量之间的关系。

我认为治疗师的这种有力的地位，可能成为一种诱惑——利用别人来满足自己自恋的诱惑，感觉自己很有力量，感觉自己像专家等。这种骄傲优越的感觉是一种危险，你需要了解自己和潜在危险的方方面面，不要滥用这种情况，不要滥用病人来满足你自己自恋的需要。

曾奇峰： 可以问问，在你的职业生涯中，你做过多少次个人体验吗？

舒尔茨： 我有过三段精神分析的训练式分析。我的第一段训练式分析是4年的时间，大约600次。但是，那时我没能从中获益。

曾奇峰： 为什么？

舒尔茨： 因为我当时还年轻。我有很多事情要做。我结婚了，有了家庭、孩子。当时我的职业也带给我很大的压力，可能与我跟我的精神分析师的关系有关。我感到她不够关心我，她不愿意配合我的需要，我和她的关系有点困难。可能她太像我的母亲了，我的母亲也是个强势的人。不管怎样，后来我有了第二段训练式分析。

这次对我来说真的很有帮助，当时我也有了更多从中获益的准备。我的男性分析师非常热情，有同情心，有很强的共情能力。我真正感受到被理解，我觉得对我很有帮助，我有过超过1000次的自我体验。

曾奇峰： 多少次？

舒尔茨： 超过1000次，但是这不重要。我认为对我来说，每次和病人在一起的那一个小时也同样是自我体验。病人同样也会带给我很大的帮助，可能最好的东西是我从病人那里学到的，他们并不愚蠢，他们真的非常敏感。

在他们的意识里，也许他们被自己的问题之类的吞没了，但是他们的潜意识，通过他们的梦告诉我一些重要信息，对我本人也很有价值，不仅仅对他们。可见，我们的潜意识往往远比我们的意识思维更加智慧。

曾奇峰： 那你的第三段训练是怎样的？

舒尔茨： 在第一段和第二段训练式分析中，我还有过两年的团体分析经历。团体分析式的自我体验很有趣，也很有价值，我喜欢与团体一起工作。

不过，我不仅仅从精神分析中学习，也从其他心理治疗技术中学习。比如，在近 20 年的时间里，我是身心医学部门的领导，我有一个由 25 名治疗师组成的团队，他们中的大多数是行为治疗师，我从认知行为治疗中学了不少。

还有，家庭治疗同样重要。即使你跟一个病人工作，你也需要学着去看到，他的家庭在他的身心无形地呈现着。所以，我们需要在病人关系的关联中，在他的家庭背景中来看待他，如此等等。

我们不应该仅仅集中注意力在精神分析上，还要更多地从病人那里学习，从入门的日常生活中学习，从阅读中学习，等等。这些都曾对我有帮助。

例如，我现在在上海生活，我有一个太极老师，目前他是我最重要的老师，从他身上我学到了更加中立和专注的治疗态度。

可以说，综合学习非常重要。

第 9 讲

精神分析与其他流派的区别

曾奇峰：你之前提到了其他心理治疗的流派，当然你认为其他心理治疗的流派也非常重要，特别是家庭治疗对我们来说非常重要。你能告诉我们，精神分析和其他流派之间的区别吗？

舒尔茨：我们可以看到，很多其他的流派在精神分析之中发展起来。例如，格式塔治疗，其奠基人弗雷德里克·皮尔斯（Frederick S. Perls）是一个在德国出生的精神分析师，到美国之前，他在南非居住。

再如，认知行为治疗是亚伦·贝克（Aaron T. Beck）主要为了改变抑郁病人的负面思维而发展起来的。贝克最早是个精神分析师。家庭治疗的一些先驱也曾是精神分析师。

但是他们都很清楚,其他的心理治疗是很重要的。即便是弗洛伊德,也意识到了仅仅理解病人是不够的,必须帮助病人把理解转化到他们日常生活中,依照理解来行动。

因此,在精神分析和心理治疗中,精神分析师有时也用到认知行为的技术来帮助病人,真正地改变他们的行为,改变他们行动的方式,改变他们的观点。否则,病人学了很多知识,但不能改变他们的生活,有什么用呢?

我们如果有清晰的精神分析态度、清晰的身份,就可以从其他心理治疗流派中学到很多。我是一个精神分析师,当然也可以从佛教中学到很多,我更能以一个精神分析师的身份来使用从佛教中学到的东西。

把精神分析介绍到中国，可以与佛教传入中国作比较。佛教来自印度，但到中国后改变了，变成中国的佛教。印度的大乘佛教传入中国时，很快被中国人选择与吸收，开始了佛教本土化的过程。佛教本土化，就是在大乘佛教的基础上，中国人发展了自己特殊类型的佛教，更加与儒教、道教，或其他的兼容。我想，同样的事情会发生在精神分析上，精神分析也同样会改变。

曾奇峰： 怎样改变？

舒尔茨： 我常听人说，精神分析更适合于西方人，因为它注重个体的人；危险的是，精神分析在中国可能会使人自私，使他们只关心自己，不关心其他人，这并不适应于中国的文化。

我想，这当然是一种误解。精神分析不会让人更自私，而是会让他们更为自己和他人负责任，认真地对待他们自己、他们自己的需要、他们自己的情感，同时也认真地对待他人，发展自尊，成为更成熟的人。

所以，我认为精神分析师对人是有帮助的。特别是在中国，人们有很长很长的自我修炼的历史，中文叫"修身"。中国文化中有类似的自我体验、自我面质，了解自己，发展对自我的忠实。在基本价值观上也同样如此，如孔子思想中的"仁"和"义"等，跟精神分析中所说的也一样。

曾奇峰： 我们总是用不同的语言来说着相同的事情。

舒尔茨： 是的，这是个很好的表述。

第10讲

精神分析与佛教

曾奇峰： 刚才说到佛教,你能告诉我们精神分析式的思考和佛教的相似之处吗?

舒尔茨： 这是个很大的领域,我想我不能从总体上回答这个问题,我只能告诉你,我个人对佛教的兴趣,以及我在精神分析和佛教中得到的益处。

在佛教中,很重要的是看到万物都会改变,万物是许多因缘的结果。佛教中有关"缘起"的教导,我不知道怎样用英语来表达。出生于越南的一行禅师把这种万物中的内部联系叫作"互即互入",意思是人不仅仅是单个的人，人通过与他人的关系而使他们成为什么样的人。

例如，婴儿不只是一个婴儿，精神分析师温尼科特说过，从来就没有婴儿这回事，婴儿这样的物体并不存在，婴儿只有和他们的母亲在一起才是存在的。母亲把婴儿视为成长中的人，这样婴儿才成为婴儿。

所以，人和物不同，人通过与他人的关系成为他们自己。我们需要某个人来帮助我们成为人，发展我们的人格。通过认同，如此之多的、来自他人的影响构建了我们自己的人格。这是我在佛教中的重要领悟，这就是所有存在物之间的内在联系。

佛教中还有一个重要的概念叫"住相"，意思是执着于某个概念形象，执着于某个幻象。所以，我们必须把自己从妄念中解放出来，与现实连接，这也是精神分析的主要目的。

我们都或多或少地活在幻想之中，我们必须认识到那些只是幻相，它们在某段时间里可能是有用的、必要的，但是它们终究不是究竟的实相。

我们的行为，一部分表达了我们真正的需要和我们真实的个性，另一部分用来隐藏我们自己。我们想要表达自己，但同时，我们也想要保护和隐藏（防御）真实的自己。

了解我们自己的防御、我们对真实的防御方式，了解我们为什么想要防御某些真实，是因为焦虑、羞愧、内疚、害怕被暴露，还是害怕来自他人的批评，找到真实的你自己，在佛教和精神分析中都是很重要的目的。

曾奇峰： 我理解住相是一个防御机制群，例如压抑、情感隔离，也可能同样是在否认和理智化。这是一个思考西方和东方相似之处的很好的方向。

舒尔茨： 是的，你是对的。住相的一方面是某种防御机制，为了避免面对实相，我们执着于幻相，因为实相对我们来说太痛苦了。

住相的概念给我们一种更深的理解，比如对成瘾症——酒精成瘾、性成瘾、网络成瘾等，当我们看不到现实，就总是把注意力集中在那些事情上，所以被成瘾的需要诱使。我们渴求那些东西，忘了其他的东西，这也是住相。

曾奇峰： 我不确切知道是谁说的，他说"如果你想成为佛，你应该首先经过弗洛伊德"，你同意吗？

舒尔茨： 我知道，成为佛，达到开悟，在佛教文化中（对某些人来说）是很重要的目标，远远早于弗洛伊德生活的年代。

但是不论如何，我们忘记了重要的一点，佛教中有个菩萨的概念。这个菩萨的态度是：我们不只是为了我们自己获得解放和救赎，还是为了让其他众人更加觉醒。我认为，这是菩萨态度，这也是精神分析师的榜样。

第 11 讲

孩子能成长，需要父母能发展

曾奇峰： 你是 IPA 的成员，你认为成为 IPA 成员对中国的精神分析师来说是否重要？

舒尔茨： 我是 IPA 里的训练分析师，我是精神分析训练中自我体验的老师。我们的训练设施是非常有限的，一群 IPA 候选人想成为 IPA 成员和精神分析师，在上海也有一个团体，我是他们的训练分析师。我们没有足够的训练分析师，但是我不认为这是最重要的。

我认为最重要的应该是，比如"中德班"——更多地训练心理动力学的思维、心理动力学的理解和心理动力学的心理治疗。因为我们课程的学生来自中国各地，他们教给他人他们所学到的。这对很多人都是有益的，尤其对于精神病人来说，这是真正有用的。

曾奇峰： 为孩子建立起一个健康的环境，你认为家长们应该拥有什么样的精神分析的态度和思考？

舒尔茨： 你说的家长应该包括祖父母（外祖父母），因为有大部分孩子是被祖父母（外祖父母）照顾着的。总体来说，把孩子看成一个正在发展的人是很重要的。因此，我们需要创造一种气氛、设置或环境，以使一个孩子能成长，成为一个人，一个成熟的人。

这意味着家长应该更多地了解孩子的需要，一个孩子不是一个小的成年人，一个孩子不应该只是有好的行为举止，一个孩子必须发展他自己的潜力，情感的、娱乐的、幻想和想象的潜力。

孩子是很智慧的，如果你看到孩子的画，孩子怎么游戏，你会发现充满幻想，也有很多冒险，后来幻想和冒险都丧失了。他们只是学习怎样服从于老师和家长的期待和命令，那时往往就难以有个人原发的、想象的、创造性的东西了。

我认为，这个发展的领域是需要被关注的，家长们应该创建利于孩子长大的氛围，对孩子的成长有更多的理解，这是很重要的一点。

另一点，我认为也是重要的：精神分析不应该仅仅是为了训练专业人士的，还应该给大众提供更多的对于孩子或青少年成长发展的理解。因为社会的变化非常快，所以我们对于孩子的理解也需要改变。我们要对改变保持开放的态度。

曾奇峰： 家长们对孩子有很多焦虑。他们和孩子在一起的时候，或者面对孩子学习的时候所产生的焦虑，你有什么建议？

舒尔茨： 我想总体上是两方面：一方面，家长们可以相信自己的孩子，孩子当然需要家长，但是孩子自身的潜力是可以被信任的；另一方面，孩子需要家长的指导，他们需要理解，需要学习规矩。例如，孩子需要学习社会运行机制，不是总是事事按他们自己的需要来，他们需要被教育，需要被指导，所以孩子需要家长。

如果孩子变得有攻击性和叛逆性，家长们就会变得很焦虑，但我认为这是个好的标志。孩子有叛逆性是比较好的，我们可以感受到孩子的力量。这种力量一开始是野蛮的，需要被教化、被教育。比如，叛逆性、攻击性需要转化成个人的力量，要达到这个目的，孩子需要家长来帮忙。

再往后，家长们可能会因为害怕孩子太独立于他们而焦虑，因为他们觉得这种朝向独立方向的发展就好像孩子在离弃他们一样。我想这是不必要的，这种情况只有当家长态度很顽固僵硬的时候才会发生。当孩子成长时，家长也应该成长。

孩子青春期时需要的家长，跟婴儿时期需要的家长不一样。青少年需要父母帮助他们与冲突搏斗，从而找到他们自己的身份，所以父母的态度也应该改变，也需要发展。这就像共同的进化，共同的成长。

我想说的是，孩子长大，变得更独立，并不意味着孩子抛弃了自己的父母。父母和成年孩子的关系也可以非常好，可以非常令人满足。父母可以从孩子那里学习，他们并不总是比孩子懂得多。

曾奇峰： 要做好的父母，父母只有向孩子学习。

舒尔茨： 是的，我也这么看。即使是婴儿，如果你对婴儿所需要的保持开放，开放地学习婴儿如何表达自己的方式和语言，他们就会告诉你：婴儿的需要是什么，感觉是什么。你无须比他们知道得多。

青少年的恋爱和性

曾奇峰： 也许我们可以讨论些很实际的事情，比如对于中文说法"早恋"，意思是太早的恋爱，你是怎么想的？什么年龄是太早呢，比如初中生，15岁或13岁就恋爱？

舒尔茨： 不知道，我想是可以的，为什么不可以呢？

曾奇峰： 在德国有这样的词来描述这种情况吗？

舒尔茨： 没有，从来没听说过，我想这是不需要担心的事。你的意思是太早经历的性关系？

曾奇峰： 包括爱的关系和性的关系，因为家长们总是担心孩子恋爱会影响学习。

舒尔茨： 我从未听说过这样的说法。学习不是生活的一切，我认为恋爱至少表明有这样的情感潜力，青春期的孩子知道他们向往些什么，那些是单纯的学习不能带给他们的。我想，原则上这是件好事。

也许家长们担心的问题是，比如通过网络或者电影，或者色情的东西，让孩子感到兴奋，这超出了他们的成熟水平。性非常有趣和令人兴奋，但性关系中尊重对方是很重要的，不是仅仅把对方当作满足性欲的工具。这需要一定的人格成熟度。

性关系不只是关于性的，也是关于亲密关系的。性和亲密，是两个不同的方面，应该学习亲密的能力和亲近的能力，与对方接近，同时爱对方，是需要学习的，不是预先设置好的，不是自然的，而是通过体验发展而成的。所以，也许性的体验可能对青少年来说是太早了。

曾奇峰：多早？

舒尔茨：我想这不能笼统地来说，因为有些青少年很成熟，有些却还是"婴儿"，充满孩子气，不能一概而论。

曾奇峰：如果一个孩子告诉父母，他有了性体验，在德国会是怎样的情景？这种情况通常会出现在什么年龄？

舒尔茨：有些人非常早，比如14岁、15岁或16岁，有些人很晚，不是一样的情况。无论怎样，我觉得在这种情况下青少年是需要帮助的。当然，我们不能只是一味禁止。

他们需要学习责任感，还有了解怀孕的可能性。我想，如果一个女孩儿怀孕的话，那对她来说将是非常糟糕的经验，而怀孕被中断更是可怕。他们应该尽早地学习这些——人类性活动的基本事实。

曾奇峰：如果孩子已经有了性经验，或者开始恋爱，那么表明父母是没有人格障碍的父母，你理解并赞同这个观点吗？

舒尔茨：我想表达相反的意思。我知道有些家庭里父母是不会保护孩子的，比如父母在孩子在场的时候看色情影片，或者孩子看着父母做爱，我认为这是不好的、非常糟糕的。为什么这样说？因为孩子需要讨论他们自己的性，而不是过多地被父母给他们的印象、父母的性对他们的影响覆盖。

孩子带着兴奋面对和处理父母带给他们的这些，是有别于他们自己的人格的，孩子也会有较早的性关系。这是一种虚假的自体，这不是他们自己的情感。我想这是不好的发展。父母应该尊重孩子，而不是"侮辱"他们。

曾奇峰：那么，什么样的精神分析态度或思维，是一个男人或女人在他们的亲密关系中，比如婚姻中应该拥有的？

舒尔茨：我认为不是每个人都需要成为一个精神分析师，或有精神分析的态度，但是相互的理解是重要的。我们称之为共情——意识到对方的情感，并且尊重他。

配偶关系应该是前面说过的那种共同进化的关系，双方应该给出共同发展的空间，一方面共同发展他们的关系，另一方面同时发展他们各自的独立空间。因此，容纳不同之处是很重要的，人是各不相同的。

我们需要意识到我们不是完美的，我们是人，我们不需要完美。按照我们原本的样子彼此接纳，尽管我们有局限和不完美，这是非常重要的。人类关系的价值也在于帮助彼此应对生活中的困难，还有生活中的机会。

曾奇峰：所以，完美主义是违反人类的自然本性的。

舒尔茨：我也这样认为，这点在父母与孩子间也是重要的，孩子不需要完美，也不可能完美，不需要在班上最好，得第一，诸如此类。完美主义是不好的，因为这种想法总在比较，总在彼此竞争。当然，作为发展中的挑战，竞争是重要的。我并不反对竞争，但竞争不是一切。

我认为，有一些不那么卓越、不那么聪明或不那么漂亮的人，他们也需要机会。所以，应对我们的不完美，从我们的错误中学习，给彼此机会，这在配偶关系中是重要的。

还有，为了成为一对配偶，有什么是两人能共同发展的？也就说，什么是双方能一起做的，什么是双方能共同发展的长期的梦想？我们经常在配偶治疗中发现，他们不清楚他们为什么在一起，什么是他们能共同发展的。可见，共同进化、共同发展的想法是非常重要的。

网瘾 = 逃入网络

曾奇峰： 多年前,我们的一些专家研制了网瘾诊断测评系统,你对此是什么想法?

舒尔茨： 网瘾是上瘾的形式之一,一种"非物质依赖"的上瘾症。"非物质依赖"的上瘾症,还有赌博上瘾、购买上瘾、性上瘾等。而"物质依赖"的上瘾症,意思是你对一些麻醉品如酒精、吗啡上瘾,或对一些药物如止痛药物上瘾,等等,是你依赖于某些物质。

那么,上瘾的特征是什么?就是一个人的兴趣越来越集中于他所渴望的某个对象。比如,有网瘾的年轻人每天花费很多的时间在网络游戏上。

曾奇峰： 但是，把这些年轻人诊断成"网络上瘾"是否妥当呢？

舒尔茨： 网瘾说的不只是上网，上网是可以的，我们都这么做。但是，如果一个人上网的代价是他的其他关系都变得越来越恶化，而他的唯一兴趣集中在上网上，这就是病态的。这样对他的人格发展是有损害的，因为越来越多生活中的真实、现实被网络上的虚幻现实取代了。

特别是对年轻人来说，这更是危险的，因为这会影响到他们身份认同的发展——我是谁，我是怎样一个人，我在社会中的位置，我在现实中的位置，等等。

在网络中，你可以扮演角色，你可以给自己一个虚假的身份，你可以取一个女性的名字／男性的名字，等等。你忘了真实和虚拟的现实间的区别。

曾奇峰： 在有网瘾的人身上发生了什么，他们的现实是什么？我猜他们在现实中一定发生了很糟糕的事情，以至于逃入网络而得以生存下去。

舒尔茨：也许，网瘾是一种逃避。所有上瘾症都是由某些问题引发的，例如逃入酒精、逃入网络，或逃入滥交的性关系等，一开始可能是一种逃避，回避面对生活中的问题，但后来会变成自我强迫，越来越严重。

这些替代品虽然可以释放压力，但不论何时，一个人遇到任何困难的处境，他就会回避，比如逃入网络。当你对某些问题感觉不好时，一喝酒你就会感觉好些，但问题并没有解决，所以只是你感觉好些了，其实并没有感觉好的理由，问题仍然在那里。

尤其是年轻人，他们有自己成长的烦恼冲突，这是正常的，他们需要学习怎样面对冲突，应对它们。在这个方面他们需要帮助，而不是逃进药物、酒精、网络、性等。

曾奇峰：学习上瘾也有可能造成病态的问题吗？

舒尔茨：是的，我认为如此。从某种意义上来说，学习上瘾也可以叫作工作上瘾。这样的人叫工作狂,他的视角、他的眼界变得越来越狭窄,只有工作、工作、工作。遇到大的个人问题,他都想逃到工作中去。这对人格是有损害的。

当然,我们都有上瘾的倾向。这好像我们在佛教中说的"住相",这种对某个事物的欲望的执着让我们看不到其他的现实,其实对所有事物都能成瘾,不论什么。

曾奇峰: 我认为学习上瘾的学生要多于有网瘾的学生,但仅仅学习,是不能建立良好的个人关系的。

舒尔茨: 我认为有的时候对某些东西上瘾,有真正的激情、有欲望,可能是好事。"啊,这多么有趣,比任何其他事情都有趣",在一段时间内这可能是不错的。直到某个时候,你会认识到这不是自己所需要的全部。

我想说,激情是好的,但上瘾不是。如果你爱上某个人,你所有的兴趣当然都会集中在这个人身上,在一段时间内,其他什么事你都不想;一段时间后,你认识到生活的内容不只是这种关系,你想要变得更自由。所以我认为激情是非常重要的。

这里我们再说一下早恋。我想可能是父母害怕孩子过于迷恋某个人,以至于孩子可能忘了学习,功课变差。让孩子专注于功课,在某些时候是必要的,但如果学习上瘾,对其他一切都失了兴趣,我会说这样的发展变得片面,只会发展出一个学习的大脑袋,其他的都会发展不足。情感是一方面,学习工作是一方面,必须是一种平衡的关系。

第14讲

你能否成为好的精神分析师

曾奇峰： 怎样成为一个好的精神分析师或心理治疗师，在这个话题上，你对大家有什么建议呢？

舒尔茨： 要成为一个好的精神分析师或心理治疗师，不能只靠书本学习，我们需要好的老师。心理治疗领域是复杂的，部分训练是获取这个领域的知识——关于人性的发展、病例的发展、神经症的不同形式、心理治疗的过程等，我们都需要有深入的了解。

但是这是不够的，我们还需要个人的关系、个人体验、好的老师、好的督导等。即便你是第一次与病人工作，你也需要督导。你可以把自己在治疗过程中发生了什么描述给督导听,他会给出他的观点,这样你可以从另一个角度学习,成为更好的治疗师。

我们还需要从我们的病人那里学习,保持开放的态度,因为我们并不比我们的病人优秀。我们都有潜意识部分,我们不会完全了解我们自己。我们的人格的形成对我们来说也是无意识的,但是其他人能帮助我们了解我们自身隐藏的那一面,并从中学习。

此外,我们不能独自学习成为一个优秀的治疗师,我们需要一群同学,需要案例讨论会,需要与其他治疗师交换经验。

所以,我们需要自我体验,需要督导,需要同行,以及那些可以信任和帮助我们的人。我们要时刻认识到,两三年是不够的,学习成为一个治疗师需要一生的努力,要不停地学习更多的东西。

曾奇峰: 什么样的个性比其他个性更适合成为一个优秀的治

疗师？

舒尔茨： 大体来说，个性应该是稳定的、成熟的、敏感的、有能力理解他人的、能体会到自己的感受的、能体会到他人的情感的，因此治疗师的人格不能太狭窄，观念不能太受限制。

有些治疗师表现得像"guru"，这个词来自印度的某种语言，代表先知、大师、导师等的意思。我认为这是自恋的态度，是不好的。治疗师这样的话，病人会变得有依赖性，崇拜治疗师。但治疗师如果没有帮助病人变得更独立，更相信他们自己，就不是病人真正意义上的治疗师。

曾奇峰： 是的，很多治疗师为了满足自己的自恋而想成为大师。你刚说到稳定和敏感，有时这两者是有点冲突的。

舒尔茨： 不是"有时"，而是"总是"。治疗师也应该是有激情的，也就是说，治疗师不是保持在外部观察者的位置上，看看发生了什么，时不时地给出自己的解释就行了。

现代的精神分析，我们看作是两个人的场域，那儿有两个人，他们之间正发生着什么。

治疗师不只是一个外部观察者，同时也是这个场域里的一部分，他是卷入的，他应该是投入的。所以治疗师本身的情感是需要被控制的，但不要太多的控制，他应该去感受对方，但不会被对方淹没。

这不是那么容易的。作为治疗师，有时你会陷入危机中，这种情况当然会发生。比如，当你恨病人、不喜欢他的时候，你必须问自己——这是怎么了，为什么我不喜欢这个病人？可能是你把自己的一些问题投射给了病人，所以你必须有能力处理自己的感情。

这涉及移情和反移情。移情指病人对于治疗师的感觉。反移情指治疗师对于病人的感觉。治疗师与病人之间始终是情感的对话，是一个情感的场域。

一方面，为了保持和情感的现实连接，我们感受病人，我们需要投入，需要被过程部分地卷入。

另一方面，这是治疗，如果只是感受病人，与悲伤的病人一起哭，或者与兴奋的病人一起兴奋是不够的。当我们感受这些情感的同时，必须理解病人，并帮助他们更好地理解自己，这对他们才是有帮助的。

心灵成长与心理治疗

曾奇峰： 现在让我们讨论些有趣的事情，比如内在修行，你的想法是什么？

舒尔茨： 我认为所有的人都有内在修行的需要。内在修行不仅仅是生存方式，不仅仅是履行每天的职责等，人们在生活中必定有一些可以相信的东西。对有的人来说是宗教，比如基督教、佛教等，我认为真正对人们有益处的是，帮助他们变得更独立，人格更坚强，有能力去爱、去做事，对自己和他人有责任感，内在更加自由，能自由地表达自己，对生活目标有清晰的理解，不只是一天天地混日子。这也是精神分析的目标。

然而，有些修行教派不追求这个目标，而是试图让人们变得更依赖于他们，我认为这是不好的。有些"大师"，也就是那些教派的领袖，为了自恋的需要，他们需要一个相信他们的群体。这意味着你相信他们，你就要放弃自己的独立性和自由性，变成他们的"奴隶"，这是危险的。

我们都有信仰的需要，或多或少我们都需要相信点什么。那些比我们个人生活更博大更宽广的东西，我们在生活中也可以找到：为了我们的孩子做某些事；建立起一个有意义的人生；不仅仅是追求个人的目标和兴趣，也为群体做些事……

不过，心理治疗不是宗教性的，没有人需要信仰心理治疗。心理治疗是一种用来帮助生病的人的疗法，因为他们被自己无法解决的问题困扰和折磨。心理治疗提供的是专业的帮助，而不是用来制造"真正的信徒"的。

曾奇峰： 是的，我完全同意。

舒尔茨： 但从另一角度来说，心理治疗不是万能的。如果我们有困难，贴心的家人、亲密的朋友和一段爱的关系，就会帮助我们化解个人的危机，不是每个人都需要心理治疗。

我们能从生活中学到很多，我们能从我们的孩子那里学到很多，当然，我们也能从文章、音乐艺术等中学到很多。所有这些都是生活的一部分，对我们都非常有帮助。我们不应该陷入一种认为每一种问题都需要心理治疗的诱惑中，完全不是这样的。

第16讲

治病 or 谈心

曾奇峰： 舒尔茨博士，你能跟我们谈谈心理咨询和心理治疗的相同和差异之处吗？

舒尔茨： 心理治疗是治疗，治疗是对病人的。一个有强迫症的病人，即使他不停地洗手，也仍然会感觉手是脏的。他被这样的想法占据：我是脏的，我要把自己洗干净。这不是真正的脏，而是精神的问题——他感觉不好，并试图把他的不好洗掉。

或者，有严重进食障碍的病人、有严重焦虑障碍的病人、有精神分裂症的病人、有边缘型人格障碍的病人等，他们都是病人，他们需要治疗，光靠咨询是不够的。他们需要真正的专业治疗，他们中的有些人需要的只是心理治疗，有些人也许需要药物治疗结合心理治疗。所以，治疗是针对病人的，那些受一些障碍、精神疾病折磨的病人。

但在生活中，有很多人的问题不是疾病，不是病理性的，这些人也是需要帮助的。例如，婚姻问题也许需要婚姻咨询，教育问题也许需要教育咨询，或者其他的问题需要其他形式的咨询。

在心理咨询中，我们面对的不是病人，他们没有生病，但不管怎样他们有很大的问题，他们需要我们的帮助。做咨询不是给建议，建议人们应该怎么做，而是帮助他们找到解决问题的方法。

我给一个心理咨询师团体做了很多年的督导，他们在督导中受益很多。咨询师虽然可以从心理咨询中学到很多，但这并不能使他们成为治疗师。心理咨询不是心理治疗，治疗是针对病人的，针对严重的精神障碍的。

不论怎样，心理咨询和心理治疗是两个不同的专业团体。

不过，在心理咨询和心理治疗领域间是有重合之处的，有时不容易区分。有时咨询的过程会变得越来越有治疗性，有时治疗也需要咨询的成分。我认为，我们不应该把两者界限分得太严格。

曾奇峰： 你的意思是如果要给一个病人做心理治疗，必须有医学背景？

舒尔茨： 这要看情况，我认为治疗师不是一定要拥有医学背景，比如在德国，为了被批准成为一个由医疗保险付费的心理治疗师（这是关键），你要么有医学背景，要么有心理学背景或心理学文凭，比如硕士学位。

在德国，很多年来，如果你是有心理学背景、没有医学背景的心理治疗师，首先你必须把你的病人转介到有医学背景的精神科医生那里，确诊这个病人不是受器质性疾病的折磨，这很重要。

比如，你有个抑郁患者，结果发现他的抑郁是脑部肿瘤的症状。再如，你有个严重酒精依赖的抑郁患者，或者人格障碍患者，实际上他是精神疾病患者。在这种情况下，病人需要的是精神科治疗或其他治疗。

当然，如果精神科医生看过病人后，说"好的，这个人需要心理治疗"，那么心理治疗师就可以做点儿什么了。

在德国，这样的情景持续到几年前，直到他们有了所谓的"心理治疗法"。现在，这种情况完全改变了，经过认证的有心理学背景的治疗师，不需要转介他们的病人到精神科医生那里，他们自己可以进行心理治疗。

但是，作为心理治疗师教育和培训的一部分，他们必须在精神病医院里工作一年，这样他们对精神病就有了了解。另外，他们还需要在一家身心疾病医院工作至少半年，这样他们对身心疾病也有了了解。这样，他们就能够自己判断病人是否需要去看精神科医生或开药。

中国的情况不一样，我认为在目前的情况下，中国的心理治疗应该在医院里进行，这样会更好；或者在私人诊所里，但病人至少去看一次精神科医生，来判断他是否受精神疾病的折磨。如果不是，可以进行心理治疗。

我建议，中国的心理学工作者必须在精神科医院工作一段时间，掌握有关精神疾病的知识，这会为他们独立开展心理治疗工作打好基础。

 第17讲

机构执业与个人执业

曾奇峰： 你在法兰克福的西格蒙德·弗洛伊德研究所工作过很长时间，也在自己的私人诊所里工作了很长时间，你有什么不同的感觉和经验？

舒尔茨： 当时西格蒙德·弗洛伊德研究所是一个精神分析的训练机构，也是一个精神分析的研究机构。那时，我从事一个有关中年危机的项目。培训和学术研究是西格蒙德·弗洛伊德研究所最基本的工作。现在，他们的工作比我在那里工作时的还要多。他们致力于心理咨询和周边科学领域的研究，如精神科学、精神分析启发下的社会学（社会学理论）、精神分析教育学、

身心学等。

现在,西格蒙德·弗洛伊德研究所主要是研究机构。培训是由另一个机构,即法兰克福精神分析研究所来做。

在西格蒙德·弗洛伊德研究所工作,与在自己的私人诊所里工作是有区别的。在研究机构里,意味着与一群同行一起工作,在一个项目里与几个参与者一起工作,这和我在私人诊所里工作有很大的不同。

当然,我在精神分析诊所工作的那段时间里,我和我的同行也保持着很紧密的联系,我们有很多的交流,我们在一起做了很多事。在我作为精神分析老师的那些年里,我与研究所有着紧密的合作。

无论如何,在自己的诊所里,你更多地依靠自己,你较为孤独。那是很艰难的工作。一天8小时,总是在想象的世界里工作,真的挺困难的。你必须处理很多情绪,以及治疗某些非常困难的病人。不过,我喜欢这样的工作。

数年后,我觉得我需要面对更具体的现实,所以当我受聘为一家身心医院的主任医生时,我接受了。这意味着我将不能在传统的精神分析的设置中,从事长程的精神分析的治疗。因为我整天都忙于医院的工作,和一群同行一起战斗,跟管理部门争取让我们部门增加更多的同事,以治疗太多的病人,等等。很多非常实际的问题需要处理,我喜欢这样。

我认为治疗师就需要这样:不只是与想象、情绪、幻想等工作,也需要处理些实际的问题。

曾奇峰: 在德国,一个治疗师是不是有可能同时在机构和私人诊所里工作?

舒尔茨: 是的,大多数是这么做的。我认为这是个很好的模式。因为你有你自己的病人、自己的诊所,你可以发展你自己的风格、你自己的工作方式,积累你自己的经验。同时,你也可以在机构里工作,做一名老师或者一名研究员，把你的经验贡献出来。

特别是精神分析的研究，是不能由学生或者新手来做的，而是需要有经验的治疗师来做。但有经验的治疗师也要有独立性，他们要有自己的私人诊所。因为这样的兼职工作，一部分时间在这儿，一部分时间在那儿，是很好的。

在德国，谁以及怎样来制定心理治疗收费标准

曾奇峰：我想，我们的一些治疗师可能想问：在德国靠做心理治疗，一个人可以挣到足够的钱吗？足够，就是充裕的意思。

舒尔茨：成为治疗师需要一个很长的训练过程。成为一个优秀的治疗师，需要学习心理学或医学，还要有额外的心理治疗的训练过程、督导，这些当然都要花费金钱。所以我认为治疗费应该足够高，这样治疗师在做治疗之外，还可以充裕地生活。

是的，在德国，我们可以以此为生。但我们有医疗保险系统来支付心理治疗费用。经济状况不断在改变，医疗保险机构想节约开支，想对此有所限制。直到不久前，长程的精神分析还是有可能得到医疗保险的财务支持的，如果是必要的话。我想，将来也许就没有这个可能了。

治疗师必须交很长的病例报告，关于病人的病史、症状，自己的治疗计划、疗法，为什么病人需要它，等等。专业同行们会对报告进行评估。这些同行就是精神分析师或心理治疗师，他们为医疗保险机构工作。

你匿名交的报告只是描述病例，然后被评估，之后可能被医疗保险机构批准或不被批准。为了申请到这样的经济支持，你需要做很多工作。但是不论怎样，医疗保险会做出保证，在德国，每次心理治疗，治疗师得到大约80欧元（约合560元人民币）。私人诊所病人的费用，医疗保险支付的会稍微多些。所以，足够治疗师以此为生。

曾奇峰：每次治疗的价格，是每个治疗师都不一样，还是整个德国都一样?

舒尔茨： 医疗保险支付的费用是相同的，也就是支付一定的金额，这是有规定的。对不同的治疗师而言，他们如果有自己的病人，就可以自由地决定他们的收费。在德国如果你是个治疗师，你的收费可以比其他治疗师高，也可以低于其他治疗师。这是由治疗师自己决定的，不是政府决定的。

私人诊所的病人，医疗保险机构会为其报销部分费用。例如，治疗师收 120 欧元一次，病人可能从医疗保险中只拿到 80 欧元，其他由自己支付费用；或者一个病人一星期只能得到三次治疗，第四次他需要自行支付费用；或者一个病人只能得到半年的费用，如果需要更长的治疗时间，他必须自己支付。

关于收费，我有我的个人原则，收费必须恰当合理。比如作为督导，如果一个同行到我这来讨论他的案例，想要从我这里学到什么，通常我的收费和他对病人的收费是相同的。

另外，我想说的是，现在我每周工作30～35小时，治疗、写作等，工作量很大。所以，我认为对一个治疗师来说，拥有私人生活是很重要的，不能只有工作。拥有私人生活之所以如此重要，是因为这可以平衡他在工作中的情绪压力。治疗师应有一个远离工作压力的私人生活空间，不能一天24小时都做治疗师，这是不可能的。

什么样的人想要成为治疗师

曾奇峰： 为什么这么多人想成为治疗师？

舒尔茨： 这个问题有几个答案，一个答案是因为他们自己有心理问题、精神问题，所以为了解决他们自己的问题，他们想治疗他人，从他人那里学习。我们每个人都会有问题，治疗师当然也有他们的问题、他们个人的危机，病人能帮助他们的治疗师去应对问题。当然，这应该不是主要的动力。

无论如何，我想，作为治疗师，你虽然不能赚很多的钱，但是越来越能以此专业为生。在德国你真的可以此职业来谋生，因为医疗保险支付的足够了。这也许是一个答案。

但是，钱不是一切。从我的视角看，治疗师是个非常令人满意的职业。因为你会接触到人类生活中的很多领域，当然还有人类的苦难，这同样会帮助你成长并变得更加成熟。

治疗师这个职业，经验是真正有用的，随着年龄增长，这个职业会变得越来越有趣。我认为，看着人们成长，帮助人们成长，变得更成熟，学会怎样应对他们的问题，总是那么有趣。我想这也是一个答案。

人们习惯在一切事物中发现意义，他们在心理治疗中总是寻找问题的意义。病人来了，他们在受折磨，但他们不知道自己为什么受折磨。他们在外部环境中看原因，同时他们感受到，他们受折磨的一部分原因在于自己。但是，他们没有能真正地观察他们自己的距离，他们需要有别人来帮助他们——认识他们的内在世界，以及他们所受折磨的本质。这些，总是如此有趣。

曾奇峰： 另外有一个关于心理咨询的问题，心理咨询是否有可能使用精神分析的理论和技术？

舒尔茨： 心理咨询不使用精神分析的技术。心理咨询和精神分析的不同之处在于，心理咨询更加注重特定的、具体的问题，并且不能离开对特定问题的聚焦。我认为，心理咨询不应该变成心理治疗，心理治疗通常是开放的结尾。

咨询聚焦在一个特定的问题上，帮助人们去应对这个问题，咨询就可以结束了。而心理治疗涉及更多。心理治疗一方面帮助病人应对他的问题、他的症状，如焦虑、强迫行为、抑郁，或其他的；另一方面涉及人格成长的维度，人格成长比治疗症状要更广阔，至少心理动力取向的治疗具有这个特性。

在咨询中用精神分析的技术不行，但是用精神分析的理解是可以的。用精神分析的理解，来更好地理解你的来访者，进行心理动力学取向启发下的咨询，这是可以的。

第20讲

精神分析会消失吗

曾奇峰：我们都知道，精神分析在西方国家正在衰落，有些人觉得几年后或几十年后，精神分析会消失，你怎么看这一点？

舒尔茨：我认为精神分析永远不会消失，因为它是理解人类本性和人类生活的真正有价值的方法。其他的学派，比如行为疗法，也从精神分析中学习知识。开始时，行为疗法只是训练人们的反应，在学习理论的基础上试图改变人们的行为，忽略内在的世界，忽略情感、内在冲突等。

慢慢地，行为治疗师从精神分析中学到了很多。他们从精神分析中了解到，治疗师和病人之间的情感关系有多重要，现在他们也在讲移情或反移情；他们也了解到，个人的生活史和人格发展对于病人来说有多重要。

在另外一些领域中也同样如此，很多学科都可以从精神分析中获益。精神分析越来越多地渗透到其他学科中。所以传统的精神分析，躺在躺椅上，一周三四次，一次50分钟，持续多年，是一种有限的运用。

精神分析越来越多地渗透进其他领域，它的价值永远不会消失，总体上这是个好的发展。我虽然是个精神分析师，但不认为精神分析师越多越好。

曾奇峰： 那么，精神分析的未来如何，会有什么样的发展趋势？

舒尔茨： 我期盼着精神分析在中国能有更好的发展。我把精神分析与佛教进入中国做过比较，佛教在中国变得非常不同，如此有趣，如此原创，与其印度的本源非常不同；精神分析在中国也会改变特性。

"对精神的分析",这是精神分析原来的意思。因而,一边是病人,或者他的精神世界;另一边是作为观察者的精神分析师,分析他所观察到的,分析过程如此困难。这是两个人在一个情感的场域里流动和改变着,就像共同进化那样,一切变得非常复杂。

所以,我认为,精神分析正在以一种有趣的方式迅速地发展着,我们今天所做的与当时弗洛伊德所做的截然不同。不论怎样,精神分析还是非常有用以及重要的,在中国亦是如此,中国人还可能会从中创造出非常不一样的东西。

曾奇峰: 大脑研究对精神分析有什么影响呢?

舒尔茨: 我觉得神经科学是有趣的,我曾经在神经科学受过训练。我是精神科医生、神经病学家,我一直对神经科学感兴趣。我也在我们的研究所里教授过神经科学和精神分析,我觉得非常有趣。

举一个例子,神经科学发现人有两种记忆:外显记忆和内隐记忆。外显记忆是记忆事实和知识，内隐记忆是无意识学到的东西。

比如，一个孩子怎么学习说话，怎么学习玩儿一种乐器，或怎么学习自骑自行车，这些都是通过实践而学习，非常不同。你学到很多关于怎样骑车的理论，但理论不会帮助你学会骑车，你必须去实践，你的身体必须去学习它才行，这样的学习是隐性的学习。

再如，关于情感的学习，关于情感沟通的学习，是隐性学习。病人的很多问题，比如创伤引起的创伤性经验，同样会对隐性学习系统造成影响。这些会在他们的行为中或在他们经历事物的方式中一次次无意识地重复。因此，我们需要更多地了解内隐记忆。

内隐记忆是不能用语言表达的，因而我们突然意识到，如果心理治疗仅靠语言就限制了它的效用。治疗师和病人之间的情感对话比言语更重要，这是隐性学习层面的直接影响，通过体验来学习，从经验中学习，通过实践来学习。

我在身心医院工作超过 20 年，我们的很多病人从未听说过心理治疗，我们不能同他们一起在他们的问题上发展理论，他们首先需要的是感受到他们的情感。

假如一个病人进来说："我总是头痛，我做过很多检查，他们从未给出一个结果，所以我的头是没问题的，但我总是这样头痛。"我问这个病人："在什么情景下会头痛？"他说："每次我工作完回到家，我的头痛就开始了。"

可以想象：这一定与这个病人在家里的某些问题有关。每当他回到家，他会预见问题的出现，而他不能逃开，所以头痛与压抑的攻击性、愤怒等有关。但他不能感受到他的愤怒，他能感受到的是他的头痛。

所以，我们如何帮助他感受到他真正的情感呢？

在这个案例中，这个病人不仅需要在语言层面用词汇来讨论他的情况，如果在身心医院里，让这个病人参加医院治疗和艺术治疗也是有帮助的。在他的涂鸦中，你会看见一道火山的风景，你会看见他内心有很多被压抑的攻击性，随时可能爆发。

或者，当这个病人参加另一组的身体体验治疗时，他越来越能感受到他被压抑的愤怒。他越来越能感受到他的情感，不去压制，他的头痛就会渐渐消失，因为他不必再将攻击躯体化，能感受到它并发展它，与它沟通并表达出来。

所以，非语言方式的治疗，比如艺术治疗、舞动治疗，或其他形式的动作性的团体治疗，对这样的病人很有帮助。

我们都知道：如果跟一个病人说话，语言是一方面，另一方面是找到包含情感的图像。比如，让病人说一个梦，梦会告诉我们很多东西，因为梦会给我们一幅图画、一个形象、一个带有情感的场景，不是只有文字。

第 21 讲

反证弗洛伊德理论

曾奇峰： 神经学和脑研究试图找出什么来证明或反证弗洛伊德的理论，在这方面有没有相关的资料和信息？

舒尔茨： 是的，很多很多。

曾奇峰： 弗洛伊德是对的还是错的？

舒尔茨： 弗洛伊德首先是神经病学家和神经病理学家，他曾经师从巴黎著名的夏科教授和维也纳一些很杰出的老师。他甚至发现了神经系统中的某些结构，曾试图建立一套关于人们心理的神经科学理论，但神经科学在那时候发展得还不够。

我们从现代神经科学中得知，比如神经科学家马克·索姆斯（Mark Solms）展示了弗洛伊德的很多理论（如关于梦中大脑的），被证实是正确的。这可能是有趣的，但不是那么重要，更为重要的是：神经科学自身变得更有动力性。

如果你解剖大脑，并在显微镜下观察，你可以看到一些结果，这是有趣的，但这不是鲜活的过程。今天，不仅是在死人身上可以发现一些结构，借助一些神经成像的方法，像FMRI（功能性磁共振成像）和其他技术，你可以看到大脑的工作情况。你可以看到大脑里的神经动力，这些神经动力同样也显示着与之平行的心理动力。

今天我们研究的不仅仅是个体的大脑，还有互动中的大脑。我们知道了婴儿的大脑发育怎样受到母婴关系的影响，这非常有趣，我肯定这是将来都会保持有趣的开放领域。精神分析可以从脑研究中学习，脑研究也可以从心理动力中学习。

曾奇峰： 我看过一论著，说弗洛伊德半对半错。

舒尔茨： 我认为，弗洛伊德值得在每一个时期被反复阅读。我们现在对弗洛伊德的理解与50年前不一样，我们发现弗洛伊德是个天才，是真正的先锋，他研究的整个领域在那时是全新的。我们不是应该去相信弗洛伊德，而是应该去相信他所发现的和发展的。如果你说弗洛伊德是错的，在哪些方面他是错的？

曾奇峰： 比如，他关于女性性欲的理论，很多人认为在这一点上弗洛伊德是错的。

舒尔茨： 是的，比如他的"阴茎妒忌"概念，那可能不是全部，很多女性妒忌男性是因为男性有她们所没有的东西，但女性也有男性所没有的东西。这是女性分析师从1920年到1930年一直强调的：女性也是同样被男性妒忌。男性嫉妒女性生育和喂养孩子的能力。

今天，我们会说女性也一样坚强，男性的特权越来越过时了。今天，我们懂得女性有多么重要，在领导岗位上，在组织里，在社会生活中都是如此。

曾奇峰： 一个很好玩的问题，阴茎和阴道，如果都被看作武器，哪个更强大？我认为阴道更强大。

舒尔茨： 你是否问的是在一对配偶中，谁是更强的？女性或男性，谁是那个占主导地位的？男性更有其男性生殖器的攻击性和自恋，女性更有其接纳性，前者可以是更强的，后者也可以是更强的。

曾奇峰： 所有的阴茎都消失在阴道里。

舒尔茨： 消失？不，不，不是消失，是进去再出来。

曾奇峰： 为什么出来，因为要确认它没有消失。

第22讲

回顾与评估

曾奇峰： 你在中国生活和工作了很长时间，从一个精神分析师的角度，你觉得中国人和德国人有什么相同和不同之处吗？

舒尔茨： 我第一次来中国的时候，我发现中国人和德国人如此不同，但是我在中国待得越久，就越觉得我看不到差别。

曾奇峰： 我在德国也有相同的感觉和经历。

舒尔茨： 是的，我第一次来中国的时候，甚至很难分清楚每个人的不同，在德国也是一样的。当然，不同人的性格多样性是相同的。同样，也存在一种民族特性。

中国人、德国人，我们这么称呼都是模式，是为了帮助我们理解。如果我们深入了解的话，对个体的人来说是不适用的。人们说德国人非常工业化，很认真，工作努力，他们的产品质量高，等等，但不是每一个德国人都是这样的。中国人也是工作努力的人，我必须说我对这点印象非常深刻。

很多人太过努力工作了，以至于在努力工作的过程中丢失了很多东西。工作不是生活中唯一的目标，我认为发现人类的潜力，单靠工作是不够的，我们还需要空间用于个人情感的发展。

有能力工作只是弗洛伊德所说的人类个体的一部分，另一部分是有能力爱。爱，不单指人与人之间的爱，还包括激情，人生的设计与想法：我人生的意义是什么，什么是我人生中重要的，什么是有价值的，什么值得我去活着……

我们不只是为工作而活,还要有爱的力量。最后我们回首的时候,我们知道自己的生活是为了什么。我认为,我们都有潜力,我们都有各自的任务要去完成,我们都有足够的空间去了解自己的使命。我想,绘画、音乐、文学等都可以用来发展人的潜力,仅仅靠工作是不够的。

不过,工作是非常重要的。在很多案例里,特别是那些受个人问题折磨的病人,帮助他们再度工作是治疗中很重要的一部分。

曾奇峰: 还有个关于精神分析的问题,个人精神分析和团体精神分析有什么不同?也就是,对病人来说和对精神分析师来说,两者有什么区别?

舒尔茨: 我认为,团体精神分析、团体治疗(团体心理治疗)对病人来说是很有价值的,因为人人都生活在一个关系的场域中。

在整个团体中你有着潜在的资源,你不止一个治疗师,你有很多的治疗师。在团体中可以互为治疗师,你能从他人那里学习东西，从他人的案例中学习东西，他人也可以从你这里学习东西。当然，大家也依赖于治疗师能把团体中的所有潜力用到每个成员身上。同时，团体中的每个成员总是团体的一部分，因此有些问题是不能在团体中被很好地治疗的。

每个个体都有一个属于自己的非常私密的领域，这个领域是不能与他人共同分享的，也不需要与他人共享。这是一个创造的领域，一个有着非常私密感受的领域，很难用语言来表达。我认为个体治疗能使这个领域得以不受侵扰，可以帮助病人。

比如，在精神分析中的沉默阶段，病人能够与他自己在一起；当治疗师在场的时候，病人也能够与他自己待在一起；当其他人在场的时候，病人不仅能与他人保持关系，与他人保持接触，而且同时也能与自己待在一起，这是非常重要的。

很多人不能忍受和自己单独待在一起，他们总是逃入某些活动，当他们独处的时候，他们感觉不舒服。

独处是一种重要的能力，甚至在孩子和妈妈有良好的关系时也是一样。比如，在妈妈在场的情况下，也就是在妈妈在场的安全背景下，孩子应该有能力独自玩耍，能与自己独处，做自己的事情，发展自己的想法，发展自己的创造力。

我认为，个人精神分析、个体治疗给这个非常私密的领域留下了更多的空间。

曾奇峰： 你对中国的治疗师或分析师有更多的建议吗？

舒尔茨： 一个建议是大家互相学习。中国的治疗师可以从他们的外教老师那里学习很多东西，同时他们也应该关注自己的文化。要成为一个好的中国治疗师，必须了解中国的文化。中国文化非常丰富，拥有很多传统。

中国的治疗师或分析师在学习上应该保持良好的平衡：一方面要意识到作为中国人有这么丰富古老的文化背景需要去了解，另一方面也要开放地向其他国家学习，学习精神分析，并与自己的文化相整合。这是一个艰巨的任务，当然也需要很长的时间去实践，需要好的老师指引。

其实，不只是心理治疗，大家可以开发更多了解自己文化的兴趣。

曾奇峰： 对我们的工作，对我，你的印象和感受如何？

舒尔茨： 我认为，你的工作很重要。你做了很多年临床工作，你在这个领域很有经验。现在，你的工作不再集中于临床工作了，你越来越成为一个传播精神分析的老师。这不仅帮助你自己成为精神分析师，而且更有意义的是：你正在发展精神分析启发下的理解。

比如，帮助父母理解他们的孩子，以及孩子成长的需要。再如，对有精神问题的人的理解。人们害怕心理疾病，或者说精神疾病。很多人认为：如果我有了精神问题、心理问题，就意味着我疯了。你可以帮助人们更好地理解"不，这并不意味着疯了，这是你解决问题的独特方式"，这是个重要的任务。

在我们的谈话中，你的提问帮助我扩展了我的想法，非常棒。

曾奇峰： 关于精神分析这项工作，你对我个人有什么建议吗？

舒尔茨： 我们刚开始一同工作，我还不能评估和评判，我不想给出我尚未成型的观点。不过，原则上我认为我们的谈话是个好方式，是个传播精神分析理解的好方式。

曾奇峰： 我已经问了你很多问题，也许你也可以问我一些问题？

舒尔茨： 精神分析师经常会问你感觉如何，我也真的想问，你感觉如何，对跟我一起工作以及对工作本身？

曾奇峰： 我感觉非常好，你的回答真的很完美，我对我们的合作非常满意。尤其是当我与你一起工作时，让我回想起30多年前，我与一对德国夫妇一块儿工作，在武汉建立了一家心理医院。我感觉到了我们之间非常温暖、非常亲密的关系。

后记　心理治疗是如何起效的

心理治疗到底有没有效果?现在社会上仍然有很多人持怀疑态度。非专业人员怀疑倒也罢了,但是有些精神科医生也怀疑,就让我觉得有点奇怪。

我们业内讨论过在美国或者中国精神科药物过度使用的问题,这个问题的背景就是有些精神科医生不相信心理治疗是可以起作用的。

我们需要坚定一个信念:如果一个人在情绪、认知和行为方面都出现明显紊乱的时候,就要考虑药物治疗。我从来不反对药物治疗。

具体来说,如果一个人在认知上出现妄想,情绪有大幅度的起落,在行为上很紊乱,对自己和他人可能导致伤害,特别是被诊断成重症的精神障碍，是需要用药物手段来干预的。但是，人格的改变、人格的成长，用药物基本没什么效果。

心理治疗起效的原理

下面，我们就来逐一说一下，我个人认为的心理治疗起效的原理。我写了十几点，当然肯定不止这十几点。也许在一个更大的时间空间里，我们可以说出更多来。

第一，身体上的变化。

举一个简单的例子，如果一个男孩早年面对一个总是对他施暴的父亲，那他的身体就是紧张的，因为他的身体里储存了一些关于外界环境是危险的记忆。

当他进入心理治疗，遇到一个男性治疗师对他很友好时，那么他这种紧张的、对外面有敌意的感觉，就会在身体层面减少甚至消失。这种身体上的放松会反过来作用于他的内心世界，使他的内心世界也放松。这就是心理治疗起作用的第一个原理。

童慧琦教授的正念疗法，就是聚焦在我们身体的感受上。当我们聚焦在身体的感受上，并且能够让身体放松的时候，它反过来也会影响我们的内心，起到治疗我们心理问题的作用。

还有一个案例，有一个女性来访者去找一个女性治疗师。过了评估阶段之后，女性来访者对她的治疗师说，以后我每一次来，我们两个人都不说话，我就在你旁边待着，体会我自己身体的感受和内心的感受就可以了。于是，她们就这样默默地对望着做了 20 多次咨询，最后这个来访者的很多问题都被解决了。

这样的方法显然不能解决所有的问题，当然，没有任何方法可以解决所有的问题。

一个内心有很多冲突的人，是不太可能通过纯粹地改善躯体感受来解决问题的，否则通过按摩或者体育锻炼就可以解决所有问题了。所以要制造更深的人格改变，还是需要专门的心理治疗。核心人格的改变需要在非常稳定的关系中，感觉到关系很安全，并且有相当大的退行才能够实现。

我们这些做心理治疗的人，把我们跟来访者的关系看得很神圣，这种神圣恰好让我们能够给来访者提供一种稳定的、有利于他退行的、安全的关系。

第二，心理层面的改变。

在跟咨询师的关系中，来访者可以获得一种普遍感——我的咨询师不止我一个来访者，他可能有 20 个或者 30 个来访者。我好像不再孤独，我也不是这个世界上唯一有这样毛病的人。

有一个来访者有严重的强迫症,这困扰他很多年,他一直都隐隐地觉得"全世界只有我一个人这么怪"。后来,他爸爸妈妈把他送到了医院,他发现仅在他住的病房里就有七八个跟他有同样症状的人。他告诉我,这一点让他得到了很大的疗愈。

还有一个让来访者产生普遍感的东西,来自治疗师的告知。很多年前,我让一个来访者去查一下,我们国家强迫症的流行病学数据,或者有多少人正在被新诊断为强迫症。他查了之后,一方面吓了一跳,对我说"这个数字实在是太大了,具体数字我记不太清楚了";另一方面他顿时有一种很放松的感觉——"既然有这么多人跟我为伍,那我这个问题也不算什么了"。

有很多初次看心理医生的来访者,他们往往会有一种感觉——"我是这个世界上独一无二患这种病的人"。我们在面对他们的时候,可能也需要采取一点策略。也就是刚开始的时候,我们需要稍微保留他的问题。

学过精神分析的人都知道,如果一个人认为自己是唯一的,我们就要部分满足这个人的自恋。太快地把他的这种感觉消除,我觉得是不太好的做法。

我们应该部分地支持一下,来访者认为自己是独一无二的感觉,因为这种感觉有可能是他在别的、比较隐性的方面,比如认为自己是沙滩上唯一的鹅卵石的投射。

第三，通过咨询，我们可以跟来访者讨论或者是给他植入一种信念——人是可以改变的。

在具体操作中，一个人在意识层面或者潜意识层面是否相信自己可以变得不一样，在疗效上起着非常关键的作用。当一个人相信自己是不可改变的，从防御机制方面来说，这是自我改变想法僵化的表现。

认为自己不可改变，可能有以下几个原因：

首先，改变会让自己觉得非常不熟悉、不安全。

如果一个可以改变的我，进入没有改变的环境中的时候，我可能会受到威胁。这就是很多青少年在咨询室里被部分地改变，回到原生家庭中又被打回原形的原因。因为这种改变有可能在意识甚至潜意识层面都威胁到了其原始客体的利益。

还有，就是如果让自己有太大的改变，就会涉及抛弃原始客体的内疚感。

不过，在移情的作用下，在我们跟来访者的关系中，如果我们传递过去的信号是不怕你改变，那么来访者的改变就成了可能。

第四，在意识层面，可以得到一些关于心理规律的知识。

我有意地强调这是意识层面的，是想说精神分析是一门关于潜意识的学问，精神分析的态度就是永远都要在潜意识层面工作，但是精神分析只不过是众多心理治疗学派的一种而已。

如果我们对所有来访者都采取精神分析的态度，我很担心可能会错过改变来访者的机会。因为并不是每一个来访者都是只在潜意识层面工作，就可以让他的症状好转的，有些来访者真的需要在意识层面工作。

比如信念，以及此处提的关于心理规律的知识，都是意识层面的。心理规律的知识包括两种：

第一种是被命名的疾病的名字。

这些疾病的名字是双刃剑，比如强迫症。举强迫症的例子比较安全，因为强迫症对生命没有威胁。我们如果举太多抑郁症的案例的话，总让人觉得弥漫着危险的气氛。当然，如果能够看清楚强迫后面被压抑的很多好玩儿的东西，也可能会增加欢乐气氛。

当知道自己得了强迫症的时候，一个人会有一种原来如此或者不过如此的感觉。这会让他放心，他知道这种病症曾经有人患过，而且被精神病专家、心理学专家研究过。我们为一种疾病命名，既可以起到让来访者了解这种疾病的作用，也会同时产生所谓的医源性疾病。当强迫症患者觉得"原来我强迫了"，这种判断自己是强迫症的想法本身，会变成他的很多股强迫性力量中的一股，增加他的问题的复杂性。

我个人建议不要太把这种命名当真。我很少使用这些精神科诊断的名字，宁可使用非常复杂的说法。比如，我会把强迫症说成是强迫和反强迫之间冲突的一种心理障碍。这样命名，味道就轻多了。

第二种涉及疾病的来龙去脉。

比如，为什么会得强迫症。不同的学派有非常不一样的看法。我们可以从一些书籍中，看到精神分析对强迫症或是强迫型人格障碍的描述。我们也可以看到行为治疗，或者其他学派治疗，对强迫症有一些别的解释。

这些解释没有优劣之分。我们真的需要从潜意识和意识两个层面来理解来访者，这样才能够给来访者立体的帮助。

在此，我展开说一下最近对弗洛伊德所说的心理治疗的三个原则的看法。

第一个原则是匿名。

弗洛伊德当年建议咨询师不展示自己的情感。而我们说咨询师是可以展示自己的情感的。其实，弗洛伊德当年定的一些规矩，他自己基本上都没怎么遵守过。文献显示他经常违背自己的原则，所以有人搞笑地说："我真的开始怀疑弗洛伊德是不是一个弗洛伊德主义者。"

现在我们能肯定地说,我们比弗洛伊德当年知道更多关于我们内心世界的知识,以及关于怎样改变的知识。咨询师不展示自己的情感已经不再是铁律,在有些时候咨询师是可以展露自己的情感的。比如当来访者非常悲伤的时候,我们跟着悲伤;在来访者非常高兴的时候,我们跟着高兴,这当然没什么问题。

但是这个分寸需要把握好。有个来访者取得了非常大的进步,笑嘻嘻地问我:"曾医生,我这样进步你高不高兴?"我想了一下跟他说:"我要谨慎地高兴。"

因为,如果我的高兴比来访者还多,那么他的进步、他的成长可能会变成我的礼物,就不再是他个人的事情。而且他也有可能重新跌入低谷,那个时候我也不可以比他更悲伤。如果我跟他一样悲伤的话,我就没有办法帮助他了。我最好是比他的快乐和悲伤都少一点点,这样他就会明白快乐和悲伤都是他自己的事情。

弗洛伊德还建议不要讨论咨询师自己的经验,这也不再是铁律,也就是我们可以稍微突破,没关系。我们当然可以分享自己的经验。我们现在读弗洛伊德的传记,读荣格的自传,他们在跟我们分享人生经验,那为什么我们不能跟我们的来访者,分享我们的人生经验呢?

当然，过于隐私的东西是不适合分享的，自己没有处理的创伤性体验也是不能分享的，这有可能使你和来访者的关系倒置，变成你倾诉，让来访者治疗你了。这显然是分享得不恰当。

弗洛伊德同样建议，在匿名的大框架下，治疗之外跟来访者建立别的关系是不恰当的，这也没有被严格地执行。你在选择来访者的时候，只要大概评估一下你跟来访者之前和之后的个人关系，不会违背现在的伦理守则就可以。某些程度的熟悉关系是可以把它变成咨访关系的。这个"某些程度"怎么理解，希望你在选择来访者的时候，事先跟你的督导或者同事谈一谈。

第二个原则是中立。

中立，也就是不可以指导来访者的现实生活，也不要使自己成为来访者的老师或者师傅这样的角色。这也可以稍微改变一下。有的来访者有一些现实功能的丧失，需要某种程度的指导，以完成他们的社会功能。如果完全丢开不管，除了咨询的50分钟，来访者想干吗就干吗，我个人觉得在现代的心理治疗中是不合适的。

以前，我建议不要试图给来访者的个人生活，包括他的学业、人际关系等做任何指导。现在我收回这种说法，我觉得在不违反伦理的情况下，我们是可以这样做的。这实际上可以理解成，我们在使用除了精神分析之外的干预手段。显然，这应该是被允许的。

第三个原则是保密。

保密几乎是无可置疑的。来访者到我们这儿来，我们当然不应该把他的一些事情说出去。这一直到现在仍然被作为铁律来执行。

在涉及匿名和中立的事情上，我想到在童俊教授组织的"中美班"上，有一个来自美国的精神分析师向全体学员还有老师报告了一个案例。他带着自己全家和一个来访者一起飞到伦敦看歌剧，游览伦敦，然后一起回来。

我听了先是有点惊奇，因为这肯定严重违背了匿名和中立这两个原则。当然，他报告这个案例是不是违背了保密协定我不知道，如果来访者允许的话，就没有违反这个原则。不过，至少违背了弗洛伊德所定的三分之二的原则。我感到非常震惊，后来觉得这个治疗师的做法很有创造性。

米尔顿·艾瑞克森（Milton H. Erickson）当年实际上跟来访者也建立了一些很近的关系，比如他到来访者家里吃饭等。艾瑞克森所有的案例都在可以理解的伦理中，我们不觉得艾瑞克森在伦理上有任何可以被指责的地方。另外，艾瑞克森的收费也相当"不靠谱"，这种不靠谱甚至让我有一种油然而生的敬意。

艾瑞克森的学生说他当年收取治疗费有点像乡村医生，就是来访者给他送一筐鸡蛋，治疗费就算付了。我在想，假如我的工作室采取收鸡蛋或者请吃小龙虾的方式来收费，肯定会被我的学生和同行们笑掉大牙。

但是我相信在伦理的范围内，如果有人愿意以这种方式收取来访者的费用，也是可行的。比如一个农村来的来访者，如果没有现金，他给你一点儿他的产品，为什么不可以呢？听起来一点儿问题都没有，相反还有点好玩儿。

第五，来访者在跟我们的关系中，获得所谓的新的客体经验——我们跟他的原始养育者是不一样的人。

在来访者的成长过程中，有可能有很多的攻击性、力比多被压抑。他想干点儿什么的时候，他的原始养育者可能不允许，不允许他成功，不允许他快乐，而且看起来还是以为他好的名义做的。

在跟我们的关系中，他会体验到不一样的感受——原来一切都被允许。相当于在我们的关系中，给他发了一个允许他快乐和成功的许可证，他带着这个许可证上路，让他取得一个又一个成绩，获得一次又一次幸福。

第六，扩大了来访者的注意力范围。

这也就是精神分析说的扩大一个人的意识范围。一个人在意识范围比较窄的时候，他只注意到自己活着，而不会注意到别人也活着。如果我们能够注意到不仅自己活着，别人也活着的时候，我们的自我意识范围就扩大了。

来访者自我意识范围扩大，他的共情能力会延伸到他人。另外，他会把解决自己问题的愿望变成解决大家的问题。

第七，来访者潜意识里被惩罚的需要不被咨询师满足。

孩子在成长过程中会不断地试探底线，如果太容易或经常被惩罚的话，他可能会对惩罚上瘾，不断挑战各种底线。

在他跟咨询师的关系中，他可能也会挑战咨询师的一些底线。这个底线可能涉及对心理治疗设置的攻击，还有对咨询师语言上的攻击，一般不涉及见诸行动的威胁。如果涉及见诸行动的威胁，可能就需要在监狱里进行心理治疗了。

语言攻击是被允许的。来访者所期待的是，我在潜意识里攻击了你，你立即给我惩罚，把我打一顿或者跟我发生争吵，也攻击我。但是咨询师往往不会上当，会把这理解成他对惩罚成瘾的需要，不给他惩罚。所以他获得了新的经验——原来我做了错事不一定会得到惩罚。当他受虐的愿望没有被继续满足的时候，他可能会慢慢地忘记受虐的愿望，然后使自己有一些别的爱好。

第八，在移情的状态下，重新体验过去塑造人格的早年环境。

当来访者重新体验同样的环境，但是陪伴他的人变得不一样的时候，他对此的体验也会相应地发生改变。

从这个意义上来说，心理治疗似乎可以穿越时空改变一个人的过去，当然不是真正改变了过去，而是改变了这个人对过去的体验。当来访者觉得过去跟他曾体验到的原来如此不同的时候，他的现在也会跟着变得不一样。

第九，对咨询师的认同或模仿有可能导致来访者的改变。

对他人的认同或模仿有可能给自己带来改变，每一个人在生活经历中都会有这种感觉。

我前两年见了奥托·科恩伯格，有时候不知不觉地觉得自己在按照他的套路来思考，或者剔牙的动作都有那么一点儿像他。当我意识到这一点的时候，我会一个人在那里哈哈大笑。这是制造改变的一个重大原因。

有一个来访者，在我们医院看到了我跟工作人员打交道的样子，他跟我反馈说："你那个样子比我轻松多了，我如果能像你那样跟我的同事打交道的话，那就不用来找你了。"他可能看到的是我比较轻松的一面，我相信他在以后的工作中，肯定会模仿我跟同事打交道的方式。至于他会模仿我的哪个部分，我就不得而知了。

第十，来访者理想化咨询师的同时，也获得了引领自己的力量。

很多时候，对来访者来说，咨询师就是一个抽象化的存在，可能是他早年理想化的父母，或者是他读书时所看到的那些非常了不起的人物形象的具体化，于是激起了他成为这样一个理想化客体的愿望。

比如他读书时，觉得一个理想化的男性应该是一个很宽容的人。他以前在生活中从来没有见过这样的人，当他发现咨询师是一个很宽容的人时，他幻想的形象就变成了现实。这对他来说有强烈的治疗意义。

第十一，所有人的心理问题都有表演性的味道。

比如，自杀是最严重的心理问题，它就有表演性的味道。如果与一个有自杀史的来访者访谈，就需要了解他是在一个人的时候自杀的，还是在周围有很多人的时候自杀的。如果是后者，显然他的自杀具有演给他人看的特征。

如果我们想办法把一个人心理问题的表演部分去掉，或者曝光的话，他的问题可能就会减轻一些。减轻的程度因人而异。

我曾经发明过一个概念叫作"战略欺骗性自卑"。有些人自卑，不是真正的自卑。自卑是用来掩盖自大的，这是家喻户晓的精神分析名言。对于一个自卑的人来说，他的自卑是表演给别人看的。比如，他曾经被人批评骄傲自大，就需要一直扮演自卑来堵别人的嘴，"你看我不仅没有自大，反而还自卑了"。

我们还可以用提问的方式让来访者注意到这个部分："当你有这个问题的时候，你最希望被谁看见？""这个问题你更愿意传染给谁，假如能够传染的话？"有些人有身心疾病，比如皮肤病，我们就可以用这种干预方式来问问他。对于悟性很好的来访者来说，这两个问题可能让他有很多领悟。

另外，心理治疗也可以作为仪式行为的一种。就像信教的人都需要去教堂一样，心理治疗这种仪式性的、有规律的做法会反过来制造我们内心的安稳。这样的仪式行为还可以起到安慰剂的作用。

有一本书《心理治疗中的改变：一个整合的范式》(Change in Psychotherapy: A Unifying Paradigm)，是专门研究心理治疗中的改变的，具体内容是波士顿变化过程研究小组，花了很长时间来研究到底心理治疗或精神分析为什么会有效果。

1994年,我从德国飞波士顿,我的同班同学朱少纯带我去见了波士顿精神分析协会的主席。我很受触动。从1994年到现在,我们一直都在学精神分析、客体关系理论、自体心理学等这些历史上的精神分析理论。而波士顿的那伙人正在创造新的历史,他们在想办法用新的理论,用新的对为什么会产生变化的理解,来替代旧的理解。

如果要我把这本书讲清楚的话,可能要画几十张图,或者录制几十分钟的录像,所以我决定放弃这么做。但是,我还是想分享一下里面非常好玩儿的东西。

所谓的心理治疗为什么会起效,是因为"内隐关系知晓"。内隐关系是早年的时候,来访者跟原始客体的关系中,那些储存的或被看见的认知、情感、行为以及跟原始客体的互动,变成这个人的内隐记忆。这些东西曾被波士顿变化过程研究小组的人称作"内在客体关系"——爸爸妈妈对我们的态度变成了我们自己的一部分,这个部分跟我们的关系就是内化的客体关系。

我们以前认为,把来访者内化的原始客体全部替换成精神分析师的,来访者内心就变得平静并且有创造力了。但是波士顿变化过程研究小组认为,以前使用的"内在客体关系"这个术语仅仅指病理性的,也就是有问题的部分。他们用"内隐关系知晓"来替代"内在客体关系",包括正常认知的、情感的、行动的,最后是互动的。

更有趣的是,在心理治疗过程中,是什么东西在起作用?波士顿变化过程研究小组的回答是——当来访者的内隐记忆跟他的治疗师的"内隐关系知晓"共同建立了一个交集、一个公共区域的时候,主体线性就发生了,来访者就可能会有一些改变。

还有一本书是保罗·瓦茨拉维克、约翰·威克兰德、理查德·菲什的《改变:问题形成和解决的原则》(*Change: Principles of Problem Formation and Problem Resolution*),是艾瑞克森写的序。它从哲学甚至数学模型的层面来探讨一个人的内心世界是如何发生改变的。

学习心理学能够帮助我们解决问题吗

据我个人的经验,学习心理学肯定解决了我的很多问题。当然,我还有其他问题需要解决,这是另外一回事。学习心理学,至少让我变成了一个能够处理日常生活中的一些基本事情的人。如果没有学习心理学,我对我会不会是这样一个人,有可能会产生怀疑。

看看周围的人，包括我的同事、我的学生，还有我的来访者、专业人员，他们学了心理学之后也有非常多的改变。

第一，我觉得最重要的是增加了我们的自我分化。一个人真的要变成两个"我"，才是健康的状态。

早年时看到摄像机我就想，如果我们希望一个人变得不一样的话，就把他的样子录制下来给他看，可能他会变得不一样。如果只是让他看录像的话，他看到的只是自己的外表而已，想要看到内心还是需要别人的帮忙，比如心理医生。

有一句名言，"万病源于未分化"。也就是说，所有问题源于没有跟爸爸妈妈足够分开，尤其是妈妈。我们不妨改成万病源于自我分化不足。在我变成我1和我2的时候，我1和我2的距离还不够远，以至于我观察我自己的时候是重影模糊的。我想办法调整自己的言行情绪之类，但这种调整也会失控，因为我1和我2的距离比较近。

假如我知道张海音是怎么看我的，比如他说我随地吐痰，他认为不好，我就可以不这样做了；他认为我在公开场合歇斯底里，不注意场合地发泄情绪，他认为也不好，那么我也可以不这样做了。

一个健康的人，应该是自己的观察者，也是自己的调整者。

后记
心理治疗是如何起效的

但是很遗憾，很多人的这种自我观察和自我调整的能力是不足的，才会出现如此之多的包括人际关系在内的问题。

在学心理治疗的过程中，我结交的那些人都可以把我 2 拿得离我 1 远一点。更巧妙的地方还在于，分化出去的那个我可以跟他人融合，这就增加了理解他人的能力。我们越能够理解他人情感的时候，就越能够活得幸福，尤其是在亲密关系中。

第二，我们的认知开始变得灵活。

以前我对自己的内心状态，对这个世界是怎么回事，看法比较固定。我有一段时间就处在一种认知不灵活的状态。比如，我在说什么事情的时候，我会倾向于这样说，"我一直认为……"，现在想到我当年的这个口头禅，简直有点羞愧感。这明显在说自己是一个认知偏执的人。现在我变得"狡猾"了，在说一个看法的时候，有可能会说"我以前一直认为……"，这就为现在改变观点做好了舆论准备。

当我们越来越多地了解这个世界上有很多关于心理的理论时，我们也就不会只是坚持自己的那一派理论。这会使我们的认知变得灵活。我们的改变来自我们对一个问题的看法不再那么固定。

有天晚上，我又看了 3 个小时的量子力学发展史，里面讲到光到底是波还是粒子。这个故事，就是关于科学从偏执走向不偏执的过程。刚开始大家都认为光是粒子，后来认为是波。我在高中的时候背诵过光具有波粒二象性，实际上完全不知道是怎么回事。有无数人类的优秀知识分子贡献了他们的力量。

如果把认知推到更高级别的真理上，真理也是具有相对性的。斯蒂芬·霍金在《大设计》(The Grand Design)中就讨论了真理这个问题。我看了之后的感觉是，我小时候所向往的这一辈子要用来追求真理的想法本身就是一个问题。而且如果每个人都追求真理的话，在极端情况下可能会反和平。

第三，我们的情绪可能会变得平和一些。

比如，一个人学了精神分析，他知道如果当众歇斯底里，或者当着孩子的面情绪崩溃，就相当于在情绪上当众"裸体"或者是当着孩子的面"裸体"。一旦他领悟到这一点，他就会感觉到羞耻，他的情绪就会变得平稳一些。

第四，行为上的改变。

学了心理学，就容易知道自己某一个行为背后的意义到底是什么。

比如，有一个男性学员在听我的课的时候总是喜欢跟我辩论,或攻击我,说我这个不对,那个不对,还带有情绪。我就笑着跟他说:"我很喜欢你用攻击我的方式跟我亲密。"他听后有点尴尬地一笑,之后在跟我打交道过程中就变得相当平和了。

我对此的解释是,他理解了他既想跟我亲密,但是又羞于跟我亲密背后的动力学。而且我这样说,在一定程度上给他发了一个许可证——允许他以反常态的状态跟我亲密。所以他的行为改变了。

第五,对临时发生的事情,知道怎么给出自己的解释。

这在相当大的程度上,和别人给你解释效果是一样的。我之所以谨慎地说是"相当大的程度",是因为有时候自己跟自己解释没用。我真的试过,有好多东西是"旁观者清"。比如我明明知道某个解释,但我给自己解释没用,如果我周围的一个精神分析师给我这个解释的时候,往往非常有用。

第六,改变对自己的态度,尤其是对自己的心理问题和局限性的态度。

意思就是我们会变得脸皮厚一点儿,"我有心理问题又怎么样?"面对自己的心理问题非常坦然,不再有没学心理学之前的那种屈辱感。

另外,对自己局限性的态度的改变也非常重要。比如,我觉得我讲精神分析理论的微课,远不如其他老师。我觉得压力非常大,而且我实在讲得太多了,也不知道能不能讲出一些新东西来,这让我觉得特别焦虑。我现在认可自己的这种局限,并决定以后要尽可能少讲这样的微课。这个决定让我丝毫都不觉得焦虑,相反有一种非常放松的感觉。

第七,自恋的松动。

以前,很多人可能只用一种方式来满足自己的自恋。举个例子,有些人满足自恋的唯一标准是"我是不是赚了足够多的钱"。学了心理学之后,他们开始赋予健康的人格或幸福的亲密关系超越金钱的意义。所以他们的标准松动了,这也会让他们心灵获得更多自由。

我的学员说得最多的话之一是,"学习心理学,这是一个能够增加我们自恋的表现"。这句话表示,学心理学是他们人生的重大分水岭。

我自恋,说明我有一个夸大自体,平常用这个夸大自体搞定一些事情没什么问题,但是遇到真正麻烦的事情时,我的夸大自体就会破碎,攻击就会转向自身。学心理学可以使我们不用夸大自体的方式,而是用现实的方式来解决周围的问题,所以自恋破碎的可能性就大大降低了。

第八,缓解抑郁。

抑郁是向内攻击,而学习一样东西,尤其是心理学这样庞大的体系,本身就是向外攻击。所以能够在非常大的程度上减少向内攻击的力量,导致抑郁好转。

第九,降低焦虑。

焦虑是因为不确定性,如果确定的话,是不会焦虑的。如果周围弥散着我们不能确定的东西,我们的焦虑就会增加。心理学不管是从意识层面还是从潜意识层面,都可以增加我们的确定性。当我们确定人的某些人性是不可改变的,那么我们的焦虑就会下降。

当我跟一只猫打交道的时候,我确定它只不过是猫,它只有猫性不可能拥有虎性,不会把我吃了,我会非常放松,"你也不过如此,再怎样也只不过是一只猫"。但是对人不一样,因为人的可能性实在太多。一个人除了他本身的可能性很多以外,我们还会在想象中把他的可能性放大 10 倍甚至更多,这就会让我们产生更多的焦虑。

第十，减少恐惧。

当我们对人性，对由人组成的社会，对人类有太多投射性东西的时候，我们会害怕。

一个人如果是社交恐惧症患者，不知道周围的人会怎么想他，他只能把自己关在家里。只要想一下周围的人可能会对他构成什么样的威胁，他就不敢出门了。但是，如果他懂一些心理学，就有可能发现外面的世界跟自己想象的不一样。他走出家门参加心理学的培训，真实地跟周围的人打交道，认识到有很多心理学的团体是非常温暖的，他的恐惧就会慢慢地减少。他可能会短时间内从一个恐惧社交的人变成一个热爱社交的人。

心理学可以解决我们的一些问题，心理学非常好玩儿。然而我觉得心理学最好玩儿的地方，在于满足我们作为人在这个世界上活一辈子的好奇心。

人有非常多的好奇心，对宇宙的好奇心，对大山后面有什么东西的好奇心，对小猫小狗到底是怎么回事的好奇心……当然，这些好奇心都比不了我们对自己内心世界的好奇心。

最后，祝大家把心理学学得好玩儿一点儿，把自己和他人的关系变得好玩儿一点儿。